ARCHIVES
DE
L'INSTITUT
DE
PALÉONTOLOGIE HUMAINE

Mémoire 5

ARCHIVES

DE

L'INSTITUT

DE

PALÉONTOLOGIE HUMAINE

(FONDATION ALBERT 1ᵉʳ, PRINCE DE MONACO)

MÉMOIRE 5

LA FRISE SCULPTÉE
ET L'ATELIER SOLUTRÉEN DU ROC
(CHARENTE)

par

Henri MARTIN

PARIS

MASSON et Cⁱᵉ EDITEURS

120, BOULEVARD SAINT-GERMAIN

Bloc sculpté de l'atelier solutréen du Roc

ARCHIVES
DE
L'INSTITUT DE PALÉONTOLOGIE HUMAINE
(Fondation ALBERT Ier, Prince de Monaco)

Mémoire 5

LA FRISE SCULPTÉE
ET
L'ATELIER SOLUTRÉEN DU ROC
(CHARENTE)

PAR

Henri MARTIN

Avec 37 figures et 5 planches hors texte

PARIS

MASSON ET Cie, ÉDITEURS

120, Boulevard Saint-Germain

Octobre 1928

LA FRISE SCULPTÉE
ET L'ATELIER SOLUTRÉEN DU ROC
(Charente)

PAR

Henri MARTIN

AVANT-PROPOS

Le résultat des travaux entrepris depuis vingt ans sur la rive droite de la vallée du Roc m'entraîne à exposer dans ce mémoire l'influence de la race solutréenne au milieu d'une région circonscrite de la Charente.

Bien que n'ayant pas étudié sur place l'extension de cette race dans les autres stations du Sud-Ouest de la France, je serai néanmoins tenté d'y trouver une certaine similitude et de lui appliquer les mêmes conclusions.

Dans plusieurs publications, j'ai déjà relaté la découverte d'une sépulture paléolithique contenant trois squelettes humains et signalé les belles manifestations artistiques et industrielles. Dans ce travail, j'exposerai plus particulièrement des trouvailles récentes et tenterai de pénétrer dans les mœurs de ces Troglodytes en examinant d'aussi près que possible leurs anciennes demeures, où les vestiges sont abondants. Ainsi nous suivrons la succession des fouilles dans un atelier dominé autrefois par une frise, dont les blocs éboulés portent des sculptures d'une beauté exceptionnelle.

Ma tâche sera grandement facilitée, car je trouve, dans la luxueuse publication des *Archives de l'Institut de Paléontologie humaine*, l'occasion d'établir toutes les illustrations nécessaires. Ces reproductions font revivre nos documents et rehaussent nos textes souvent fragiles.

L'éminent fondateur, si regretté, de l'Institut de Paléontologie humaine préconisait dans ses publications de nombreuses et irréprochables illustrations ; cette tradition est pieusement conservée par le professeur Marcellin Boule, et je lui adresse toute ma reconnaissance pour l'intérêt qu'il ne cesse d'apporter à mes travaux archéologiques.

CHAPITRE PREMIER

CONDITIONS D'HABITAT DANS LA VALLÉE DU ROC A L'AGE DU RENNE

La vallée du Roc est une des charmantes régions de la Charente; les deux falaises escarpées, qui limitent de chaque côté les rives boisées, ne dépassent pas 20 mètres de hauteur aux points les plus élevés. A l'âge du Renne, l'Homme fréquentait cette contrée, qui répondait si bien à ses besoins, car il y trouvait de nombreux abris naturels. Les grottes et les encorbellements propres à la protection des tribus abondent sur la rive droite exposée au soleil. Le ruisseau qui sillonne la vallée, jadis une large rivière, coule de l'Est à l'Ouest; ses eaux se jettent dans l'Échelle, puis, avant de gagner la mer, elles se mélangent à celles de la Touvre et de la Charente.

La longueur de la vallée ne dépasse pas 1 500 mètres, et sa plus grande largeur atteint 190 mètres ; cette ampleur montre l'importance du phénomène qui la creusa.

Les recherches archéologiques au Roc sont relativement récentes ; il y a même lieu de s'étonner que la disposition si propice du terrain n'ait pas tenté les nombreux pionniers de la préhistoire, qui, depuis Trémeau de Rochebrune, ont exploré le sol charentais.

Les premières recherches remontent à 1907, époque à laquelle un de mes ouvriers employés à La Quina, C. Bertranet, fit dans la grotte du Roc un rapide sondage et recueillit quelques pièces attribuables à l'Aurignacien.

L'année suivante, M. Favraud (1) explora la première chambre de la grotte du Roc et rencontra une couche aurignacienne surmontée de quelques pièces solutréennes. Mes recherches dans cette vallée datent de 1909. C'est grâce à M. Edmond Thuret, propriétaire d'une partie de la vallée, que j'ai pu entreprendre d'importants travaux. Souvent mon dévoué protecteur m'assistait dans les recherches ; toutes les autorisations étaient données d'avance ; les

____

(1) FAVRAUD, La Grotte du Roc (*Revue de l'École d'Anthropologie de Paris*, vol. XVIII, décembre 1908, p. 407).

tranchées pouvaient s'ouvrir profondément et les arbres, rencontrés devant la pioche, étaient abattus. Mon excellent ami m'encourageait, car il n'ignorait pas que le résultat de ces fouilles serait publié dans nos archives scientifiques

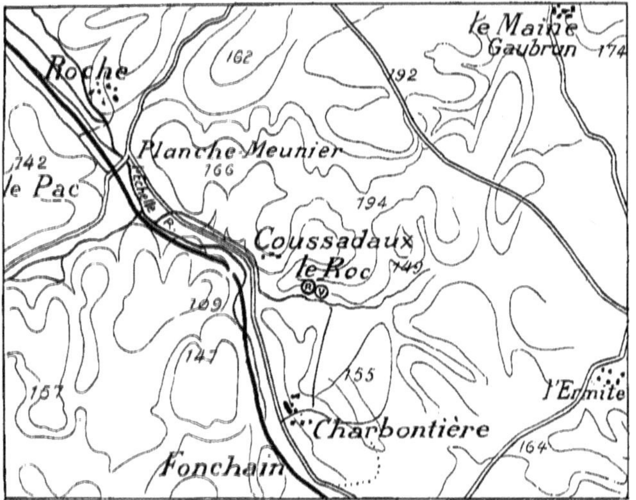

Fig. 1. — Carte donnant la situation du Roc.

Les lettres R et V entourées d'un cercle correspondent à l'emplacement de la grotte du Roc et de la grotte de la Vierge. La commune de Sers est située, à vol d'oiseau, à 3 kilomètres au Nord de la station archéologique. Angoulême, en ligne directe vers le Nord-Ouest, est à 15 kilomètres. Un centimètre correspond à 373 mètres.

et que les collections réunies seraient déposées dans nos musées nationaux.

Aussi je rends hommage au bel exemple de désintéressement que M. Ed. Thuret et son fils, Ch. Thuret, ont montré en faveur de la science.

La région que j'ai plus particulièrement explorée est comprise entre la grotte du Roc et celle de la Vierge. Les ouvertures de ces excavations sont larges et les chambres spacieuses, autant de conditions favorables qui pouvaient attirer l'Homme pendant l'âge du Renne.

Ces grottes s'ouvrent vers le tiers supérieur de la falaise, et le talus sous-jacent à ces ouvertures ne paraît pas plus saillant qu'ailleurs, et cependant il contient un amoncellement important de débris rejetés. Ce talus comble l'angle formé par le plan vertical de la falaise et le fond de la vallée ; il est constitué par des blocs éboulés et des couches sablo-argileuses; son inclinaison est de 35° environ. Dans ces formations, on retrouve des silex taillés plus ou moins entiers, des ossements travaillés et quelques plaquettes gravées. Il ne faut pas croire que tous les objets rencontrés là sont hors d'usage, car certains d'entre eux sont intacts et fort beaux ; leur présence dans ces couches tient peut-être à un oubli ou à une perte. D'autre part, j'ai été frappé par la fréquence des feuilles de laurier cassées, la série dépasse deux cents fragments ; souvent ces débris correspondent à la moitié d'une pointe primitive.

Comment expliquer la grande quantité de ces pointes fracturées ? Il me semble que les viscères des animaux tués à la chasse pouvaient contenir souvent des armes brisées ; or, les régions non comestibles étaient rejetées sur le talus, véritable dépotoir de l'époque. Cette hypothèse expliquerait donc l'abondance des fragments que je signale.

Après avoir exploré largement le talus, en creusant trois tranchées (fig. 2), dont l'une dépasse 15 mètres de largeur, j'ai pu réunir une importante série d'objets, où l'industrie était non seulement variée, mais aussi d'une exécution parfaite. Partout j'ai rencontré une taille attribuable aux Troglodytes solutréens. A côté de ces beaux silex, d'autres documents beaucoup plus importants, mais moins nombreux, accompagnaient l'outillage : c'étaient des manifestations artistiques caractérisées par des gravures et des sculptures.

Fig. 2. — Vue panoramique des travaux archéologiques entrepris dans la vallée du Roc entre la grotte du Roc à gauche et la grotte de la Vierge à droite.

Sous la grotte du Roc, au niveau de la coupe A, on distingue l'abri sous blocs où existait une sépulture paléolithique. Au centre, la coupe B passe par l'atelier solutréen. De bas en haut, on rencontre la tranchée, la plateforme et la frise sculptée. La coupe C intéresse une vaste couche solutréenne contenant une abondante industrie.

Très peu connues ailleurs, ces œuvres d'art solutréennes se sont révélées ici avec un éclat et une perfection qu'on ne pouvait soupçonner.

Ainsi nous voyons au Roc des talus préspéléens constituer un champ d'investigations de première importance. Ils sont composés de dépôts successivement rejetés par les anciens occupants des grottes et des abris ; leur intégrité est souvent plus grande que celle des couches observées dans les grottes.

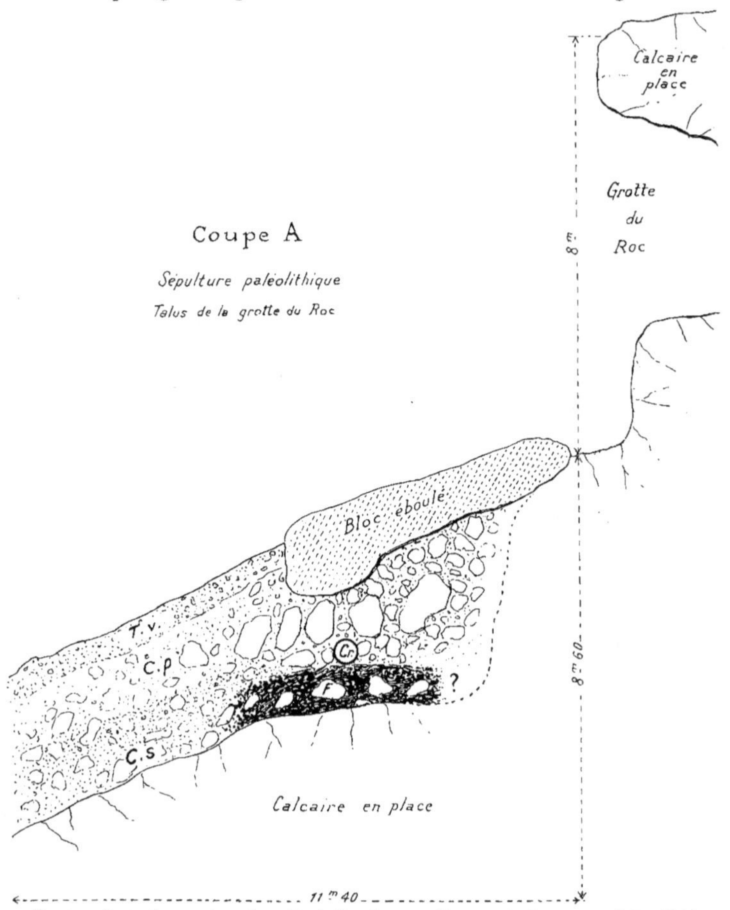

Fig. 3. — Coupe A passant par la grotte du Roc. Les gros blocs éboulés forment un abri artificiel. *Cr*, position des squelettes recouverts de blocs posés intentionnellement ; *F*, foyer solutréen ; *C.s*, couche solutréenne ; *C.p*, couche paléolithique à feuilles de laurier ; *T.v.*, terre végétale.

En effet, les Hommes qui se sont succédé dans les abris naturels ont dispersé les dépôts antérieurs à leur occupation ; ils ont évidemment creusé dans le sol des trous plus ou moins profonds et refoulé sur les bordures des débris préexistants. Toutes ces circonstances entraînent de nos jours des confusions.

Signalons aussi l'action malfaisante des Blaireaux et des Renards, qui causent, avec leurs terriers, des mélanges fâcheux. Ces exemples ne sont pas rares ; c'est ainsi qu'au Trou du Cluzeau, en Charente, j'ai trouvé un fragment de poterie vernissée dans la couche archéologique profonde, à côté d'une dent d'Hyène d'âge aurignacien.

Dans le talus préspéléen, les remaniements sont plus rares et moins désastreux ; la confusion des objets n'est plus l'œuvre de l'Homme ni des animaux fouisseurs qui fréquentent peu ce terrain, mais on peut y trouver quelques mélanges produits par le ruissellement.

Au Roc, dans ces anciens dépôts extérieurs, j'ai observé des couches fortement inclinées atteignant quelquefois 40º, et, en reconstituant virtuellement l'ancienne surface de déjections, j'ai pu repérer la position des silex et des ossements : ils se trouvaient presque toujours à plat et inclinés, prenant la même déclivité que celle de la couche.

Il n'existe pas ici de véritables poches où les produits industriels s'accumulaient au pied du talus ; mais souvent les grosses pierres éboulées et arrêtées sur la pente formaient un barrage et retenaient au-dessus d'elles un bon nombre d'objets intéressants.

Toutes les tranchées ouvertes dans le talus m'ont fourni une série remarquable de pièces, car les feuilles de laurier et les pointes à cran n'étaient pas exceptionnelles.

Ces pointes caractéristiques fixent donc, à elles seules, une période où l'influence solutréenne est manifeste.

Si nous nous reportons aux figures 3, 4 et 5, où trois coupes successives intéressent le talus, nous trouvons des écarts notables dans la constitution des couches. Ainsi la coupe A (fig. 3), relevée à l'aplomb de la grotte du Roc, passe par la sépulture sous blocs et montre un épais foyer solutréen. La coupe B (fig. 19, p. 33) intéresse un atelier avec ses foyers et la frise sculptée, ainsi qu'une partie déclive du talus. La coupe C (fig. 9, p. 16), relevée au pied de la grotte de la Vierge, montre l'importance du dépôt contenant une abondante industrie. Ici, il n'existe ni plate-forme, ni foyers ; les Hommes ne pouvaient séjourner et travailler sur un sol aussi incliné.

La coupe représentée correspond à une des façades de la tranchée lorsque, au cours des travaux, l'alignement passait par l'ouverture de la grotte.

Cette tranchée m'a fourni un grand nombre de documents, et les recherches y ont été fructueuses ; avant de trouver l'épuisement des couches, j'ai poursuivi les fouilles sur un front de 15 mètres vers l'amont.

A l'aide des trois coupes A, B et C, il sera facile de suivre la succession des travaux et de vérifier la position des documents recueillis.

CHAPITRE II

LA SÉPULTURE PALÉOLITHIQUE DU ROC

A quelques mètres au-dessous de la grotte du Roc, d'énormes blocs forment
un abri ; ils se sont effondrés, selon toute probabilité, à une époque antérieure
au Solutréen. Ces masses, au nombre de neuf, dont la plus volumineuse atteint
8 mètres cubes, semblent provenir de l'encorbellement supérieur qui dominait
l'entrée de la grotte. Les pierres, en glissant simultanément, ont conservé un
certain alignement et sont restées en contact les unes avec les autres ; elles
ont terminé leur mouvement de descente en formant un arc-boutant et se
maintiennent aujourd'hui par pression réciproque. Si on cherchait à basculer
l'un quelconque de ces appareils, l'équilibre serait détruit et l'abri s'effondre-
rait (fig. 6) ; c'est en dégageant sous la grotte du Roc la partie superficielle
du terrain où émergeaient ces grosses masses que je me suis rendu compte de
leur disposition ; mais leur affectation aux temps paléolithiques n'a été recon-
nue qu'après avoir fouillé la partie basse du talus et dégagé, par des terrasse-
ments successifs, un véritable abri. Cette partie déclive, sous-jacente aux blocs
protecteurs, contenait une couche archéologique épaisse de 80 centimètres :
elle me livra dans toute sa hauteur une industrie essentiellement solutréenne.
Elle renfermait de fort belles lames, des grattoirs, quelques burins, de nombreuses feuilles de laurier, la plupart cassées et des pointes à cran en nombre
restreint.

La faune était représentée, dans l'ordre de fréquence, par le Renne, le Cheval,
le Saïga et un gros Bovidé.

Dans cette tranchée, j'ai trouvé aussi une plaquette en calcaire ferrugineux,
avec des traits gravés, d'une exécution compliquée ; malgré les nombreuses
superpositions, on arrive à distinguer un Mammouth et un Cheval. C'est à la
grande expérience de M. H. Breuil que je dois le mérite d'avoir pu déchiffrer
un pareil imbroglio.

Lorsque la tranchée eut atteint la région abritée par les blocs, je relevai la
distance qui séparait le sol calcaire en place du bord inférieur du gros bloc

médian et trouvai 2^m,25. La coupe se présentait de la façon indiquée par la

Fig. 4. — Photographie du talus situé en avant de la grotte du Roc.
Les blocs qui émergent recouvraient l'atelier solutréen.

figure 3 : inférieurement, le calcaire en position géologique incliné vers la vallée ;
au-dessus, la couche solutréenne où déjà un important foyer se développait sur

90 centimètres de hauteur et supérieurement des blocs de pierre parfois globuleux, aux arêtes émoussées. Ces pierres étaient d'un poids répondant à l'effort d'un Homme; entre elles existait une infiltration sableuse qui s'étendait jusqu'au foyer. Telle était la situation des couches sur la bordure externe

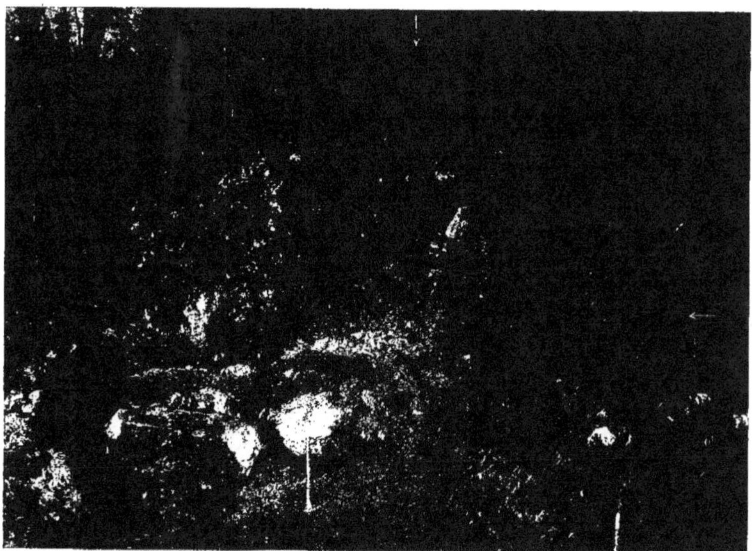

Fig.ᵉ 5. — L'abri sous blocs au début des travaux.
La rencontre des deux flèches correspond à l'emplacement de la sépulture.

de l'abri avant la découverte des squelettes. Sur la coupe A, nous pouvons suivre le dégagement progressif des pierres tassées dans l'espace supérieur de l'abri et reconnaître la situation précise des squelettes.

En procédant au dégagement des petits blocs, je rencontrai deux vertèbres lombaires humaines juxtaposées. Cette trouvaille déjà intéressante devait s'accentuer par l'apparition successive d'autres ossements. Deux crânes étaient effondrés et des os longs cassés; tous ces débris se montraient enchevêtrés, et il n'était pas aisé d'établir leur orientation primitive. Les pierres posées intentionnellement sur les corps et l'action des racines avaient occasionné un désordre manifeste dans cette sépulture.

La fouille était rendue pénible à cause de l'inclinaison du sol; en outre, l'extraction des pierres devait être prudente, car les gros blocs arc-boutés pouvaient s'effondrer. Néanmoins, le lot d'ossements recueillis me permit d'identifier trois individus : un homme de cinquante ans, une femme de quarante ans et un adolescent de dix-huit ans. Pour les deux premiers sujets, les âges et les

Fig. 6. — L'abri sous blocs dans une phase plus avancée des fouilles.
La rencontre des deux flèches coïncide avec le point où furent découverts les squelettes. Au-dessous de ce point, la couche solutréenne mesure 0^m,90 d'épaisseur.

sexes mentionnés n'ont rien d'absolu ; ils ont été établis d'après les règles anthropologiques habituelles, qui donnent une certaine élasticité. Quant à l'adolescent, l'état de sa troisième molaire fournit une plus grande précision.

L'un des corps a été déposé probablement dans la position repliée, mais j'ai constaté aussi un entre-croisement entre un fémur et un tibia appartenant à deux squelettes différents, ce qui ferait penser à la superposition primitive de deux cadavres.

En somme, la sépulture contenait trois corps pelotonnés sous l'abri ; cette position s'adaptait à l'exiguïté de la place. Les corps avaient été inhumés au même moment et recouverts de pierres ; ils appartenaient peut-être à une même famille.

Je ne pense pas que ces trois êtres humains aient trouvé la mort sous cet abri à la suite d'un éboulement, car les pierres qui les recouvraient possédaient des arêtes arrondies, et non des angles vifs. Les blocs ne semblent pas provenir du plafond de l'abri ; ils ont été apportés. L'écrasement d'une famille pendant son sommeil n'est donc pas probable.

Retenons toutefois le fait d'une sépulture remontant au Paléolithique supérieur sans traces rituelles apparentes.

Les ossements étaient accompagnés d'une dizaine de silex taillés; mais aucun d'eux n'offrait les caractères spéciaux qui eussent permis de les attribuer à une époque précise.

Contre un des crânes, j'ai trouvé malencontreusement un fragment de poterie, d'aspect assez grossier ; je connais d'avance l'objection qui sera faite : la poterie paléolithique n'existe pas ! Mais les ossements du Renne existaient auprès de nos squelettes, et ceux-ci ne seront pas contestés.

D'autre part, lorsque les crânes furent reconstitués et les os mensurés, j'ai pu rattacher les squelettes à la race de Chancelade. Ils étaient donc mongoloïdes. La présence de la poterie pourrait s'interpréter par une introduction fortuite ; je ne crois pas à une pénétration aisée au fond de cette couche épaisse.

On pourrait encore songer à une sépulture néolithique pour expliquer la poterie, mais la présence du Renne s'y oppose, et la race mongoloïde de Chancelade ne concorde pas avec les types trouvés dans les sépultures néolithiques de la France.

Les squelettes reposaient sur le foyer solutréen, dont ils étaient seulement séparés par une mince couche de sable ; je sais très bien que ce n'est pas une preuve certaine pour les faire remonter à l'époque solutréenne, mais la présence du Renne qui accompagnait les squelettes les rajeunirait seulement jusqu'à l'époque magdalénienne.

Le très léger doute qui peut planer sur l'âge précis de ces êtres humains semble disparaître devant les constatations de faune et de race.

Les caractères anthropologiques de ces squelettes ne manquent pas d'intérêt; ils sont superposables à ceux du squelette de Chancelade si bien étudié par Testut.

L'examen des ossements m'a permis de reconstituer deux crânes; le troisième, celui de l'adolescent, manque. Les mensurations donnent les indices craniens suivants : 72,3 pour le masculin et 76 pour le féminin.

L'un est donc dolichocéphale et l'autre sous-dolichocéphale. Ces deux indices rentrent parfaitement dans le cadre des mesures indiquées sur les crânes de même époque, puisque Chancelade atteint 72,3 et les Hoteaux 77,3.

Le crâne est pentagonal et les bosses pariétales peu accentuées ; il est sensiblement bas. Les arcades sourcilières sont développées et un peu débordantes ; elles sont soulignées en arrière par un sillon transversal. La face large est aplatie, les orbites sont rectangulaires, et la ligne supérieure qui les unit est horizontale.

Les deux crânes offrent une particularité intéressante : c'est la présence d'une carène sagittale qui leur donne un aspect ogival, comme à Chancelade, et aussi à un degré plus faible sur Cro Magnon n° 2 et sur une des calottes du

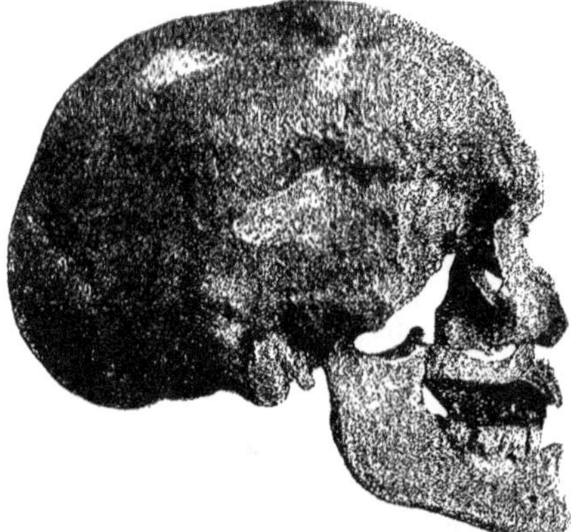
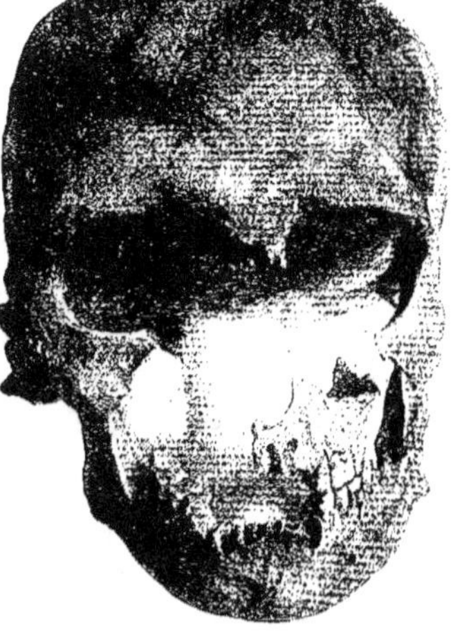

Fig. 7. — Crâne n° 1 trouvé dans la sépulture paléolithique de l'abri sous blocs du Roc (*norma lateralis*).

Fig. 8. — Même crâne que celui représenté sur la figure 7. Vu en *norma facialis*. La voûte du crâne offre une carène.

Placard. De nos jours, les Tchoutchi possèdent fréquemment ce caractère, et G. Montandon (1) le désigne sous le nom de crâne « en hutte ».

La capacité cranienne atteint 1 525 et 1 350 centimètres cubes; ce dernier chiffre n'est pas très élevé (fig. 7 et 8).

La mandibule nous montre un menton proéminent et un angle postérieur reporté en dehors. Toutes les attaches des muscles masticateurs sont accentuées.

La denture est normale et de belle constitution, mais la troisième molaire est plus petite que la deuxième; ce caractère n'a rien de primitif.

(1) Dr G. MONTANDON, Craniologie paléosibérienne (*L'Anthropologie*, 1926, p. 238).

L'usure des dents correspond à une mastication latérale prononcée. Sur la mâchoire inférieure droite de l'adolescent existe une anomalie peu fréquente : c'est la persistance de la deuxième prémolaire de lait. A l'aide de la radiographie, on constate l'absence de la prémolaire définitive sous-jacente. Cette anomalie nous prouve qu'une dent de lait peut prolonger sa fonction, lorsqu'elle n'est pas refoulée par une dent définitive.

Tous les os des membres indiquent des individus robustes; parmi eux, un fémur est très intéressant : son indice pilastrique atteint 130,4 au lieu de 109, moyenne chez les Parisiens. Cette exagération de la ligne âpre correspond à un quadriceps fémoral très développé, et nous savons que ce groupe musculaire joue un rôle important dans la marche.

Les os longs des deux squelettes adultes permettent d'estimer leur taille à $1^m,52$ et à $1^m,57$; ces hommes étaient donc petits, voisins des Esquimaux actuels.

Dans ce résumé, consacré aux caractères anthropologiques des sujets du Roc, je me suis borné à signaler les traits saillants des squelettes, ayant déjà publié une étude plus étendue sur cette question (1).

(1) *Bulletin de la Société d'Anthropologie de Paris*, 1927.

CHAPITRE III

LA TRANCHÉE SOUS-JACENTE A LA GROTTE
DE LA VIERGE

En nous reportant à la figure 9, coupe C, nous voyons que la disposition trouvée dans le talus sous-jacent à la grotte du Roc est sensiblement modifiée au-dessous de la grotte de la Vierge.

Ici, le sous-sol calcaire s'incline sans offrir de plate-forme; aussi les foyers

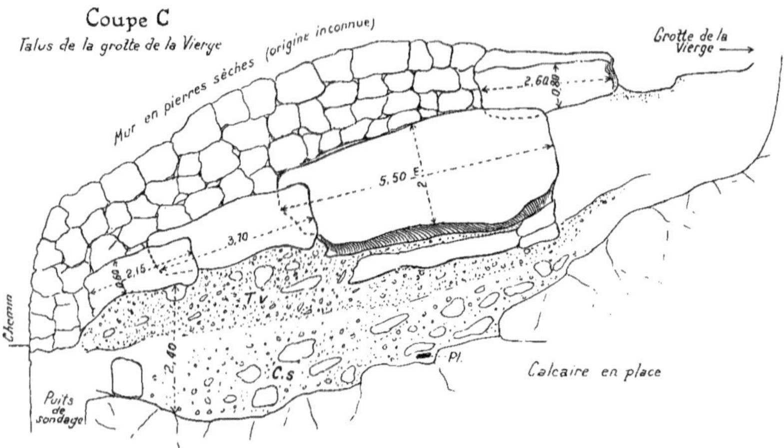

Fig. 9. — Coupe C passant par la grotte de la Vierge et le talus sous-jacent.

T.v, terre végétale ; *C.s*, couche solutréenne ; *Pl*, position de la plaquette gravée représentant un petit cheval (voir fig. 13).

manquent; les Hommes du Paléolithique ne pouvaient vivre sur cette pente, ils se sont contentés d'y rejeter tous leurs débris. En effet, la vaste grotte qui

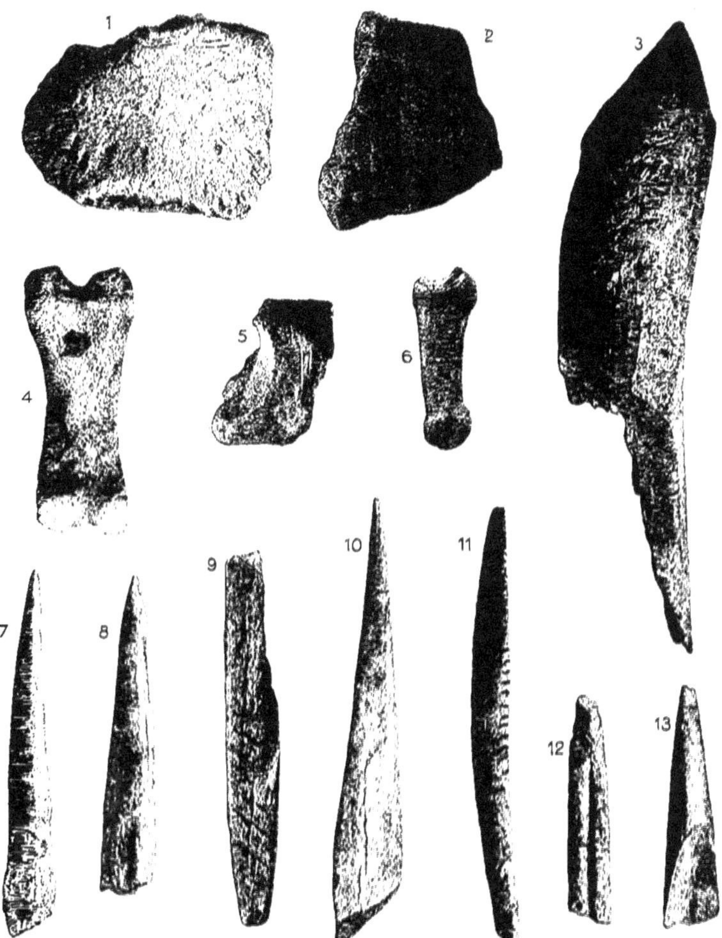

Fig. 10. - Industrie osseuse.

1, troisième phalange de cheval. Sur la face antérieure, près du bourrelet de la cavité articulaire, on distingue six coupures transversales et parallèles. Ces marques correspondent au prélèvement de la corne du sabot; 2, fragment de manganèse avec sillons parallèles et profonds; 3, tibia de Cheval (?), esquille, foyer de hachures transversales obtenues par compression; 4, première phalange de Renne, perforation de la face postérieure. Morsure de Carnassier. Ne pas confondre cette lésion avec les sifflets problématiques. Ici, le contour de l'orifice est irrégulier et de petites esquilles adhèrent encore à la paroi; 5, scaphoïde gauche de Renne, face interne. Traces de désarticulation tibio-tarsienne; 6, première phalange de Saïga, marques de chasse, trois rangées de traits sont disposées transversalement sur la face antérieure et les deux faces latérales; 7 et 8, pointes en os et en bois de Renne; 9, fragment de pointe en bois de Renne, rayures obliques sur le méplat emmanchable; 10, pointe en os; 11, côte amincie et effilée garnie d'encoches sur les deux bords; 12, fragments de pointe en bois de Renne avec rainure à poison (?); 13, pointe en bois de Renne, forme massive avec méplat d'emmanchement. (Grandeur naturelle.)

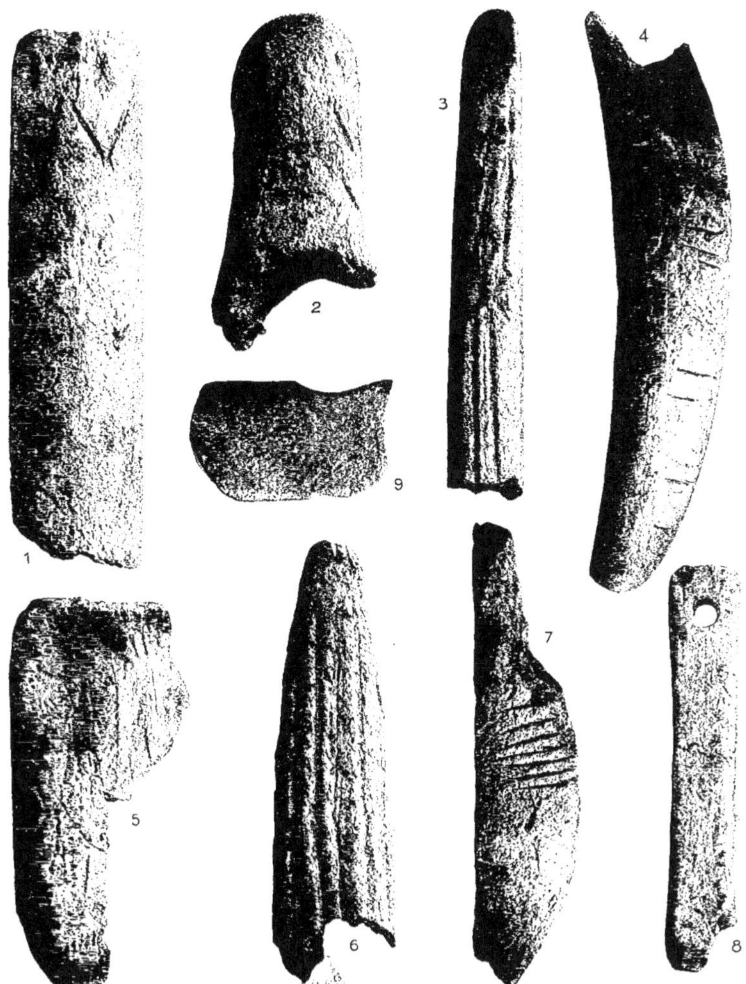

Fig. 11. — Ossements gravés et façonnés.

1, fragment de bois de Renne avec gravures ponctiformes et en W ; 2, fragment de bâton de commandement, forme boutonnée. Incisions décoratives en chevrons ; 3, bois de Renne travaillé. L'une des extrémités est transformée en cuiller ou en gouge. De nombreuses marques transversales s'observent sur la face concave et sur la face convexe ; 4, fragment de bois de Renne, une des extrémités est transformée en coin ou en brunissoir. L'une des faces porte des sillons décoratifs ; 5, canon de Renne, extrémité supérieure. Gravures et motifs stylisés ; 6, fragment de bois de Renne. Extrémité supérieure arrondie et polie. Face antérieure ornementée de six sillons longitudinaux ; 7, fragments de bois de Renne portant sept entailles parallèles ; 8, plaquette osseuse polie avec trou de suspension ; 9, plaquette osseuse polie, l'une des faces porte un réseau quadrillé gravé. (Grandeur naturelle.)

Fig. 12. — Utilisation des os et du quartz.

1, fragment de bois de Renne transformé en outil à usages multiples. L'extrémité supérieure est un peu effilée et polie. L'extrémité inférieure est transformée en ciseau. La face supérieure porte deux foyers de compressions. Les bords latéraux sont entaillés de marques de chasse (?) ; 2, bois de Renne taillé et poli. L'une des extrémités est taillée en coin ; 3, canon de Saïga, extrémité inférieure. Sur la face apparente on peut suivre trois sillons longitudinaux creusés au burin pour le prélèvement des baguettes osseuses ; 4, canon de Cheval, extrémité supérieure. Mêmes sillons que ceux tracés sur la figure 3, mais plus espacés. Deux sillons transversaux limitent le travail du dégagement des baguettes ; 5, tête de fémur de Saïga. Fines entailles régulièrement disposées et parallèles au bord articulaire. Marques de chasse ou ornements ? 6, petit grattoir en cristal de roche hyalin ; 7, pointe en bois de Renne polie sur trois faces ; 8, fragment de feuille de laurier en cristal de roche enfumé ; 9, bois de Renne, sept entailles parallèles et équidistantes obtenues par contusions. Les lèvres des sillons sont irrégulières. Sur le bord gauche, à la limite de l'andouiller de base, les contusions sont nombreuses et rapprochées ; quelques marques en coup de gouge sont également attribuables à des morsures. (Grandeur naturelle.)

domine ce point de la vallée a été certainement très fréquentée avant son affectation plus récente à différents cultes.

La chambre antérieure de la grotte a été vidée à une époque inconnue, et je ne puis me prononcer sur l'état des parties profondes, n'ayant pas encore eu l'occasion de les explorer.

Toutefois, l'amoncellement des pièces qui se trouvaient dans la région sous-

Fig. 13. — Plaquette de calcaire ferrugineux trouvée dans la tranchée sous-jacente à la grotte de la Vierge brisée en trois morceaux sous un bloc éboulé.

Petit Cheval gravé en entier, de profil à gauche. La tête est assez forte et coiffée d'un toupet en cimier. Le museau est épais et barré transversalement. L'oreille est arrondie et l'œil manque de détails. L'encolure est épaisse, le corps est court et trapu. Le type semble se rapprocher de la race celtique. Les jambes sont bien indiquées, mais les extrémités, dépourvues de sabot, sont négligées. La queue est très longue ; elle descend parallèlement le long des pattes postérieures. L'arrière-train est court. Ce petit Cheval est bien campé ; il est en marche, et son allure fait supposer celle de l'amble.

Cette gravure solutréenne a été présentée à l'Institut français d'Anthropologie dans sa séance du 18 février 1925. (Grandeur naturelle.)

jacente de la grotte et l'existence d'encorbellements voisins et extérieurs font penser à une ancienne activité humaine assez intense.

Dans le talus, nous trouvons encore tout un ensemble industriel qu'on peut rattacher à la facture solutréenne.

Sur la gauche de la tranchée, de très gros blocs, au nombre de quatre, sont échelonnés sur la pente et se maintiennent réciproquement ; l'un d'eux mesure

5^m,50 de longueur et 2 mètres d'épaisseur. Ils forment un abri analogue à celui décrit précédemment, où j'ai trouvé la sépulture ; mais ici, sous ces pierres, malgré toutes les recherches, je n'ai rencontré aucun vestige humain ou industriel.

D'ailleurs, ces blocs reposaient, par endroits, sur une terre argileuse noirâtre, ce qui fait penser à une chute relativement récente.

Le talus, en dehors de la région où ces grosses masses calcaires se trouvaient

Fig. 14. — Plaquette de calcaire. Dimensions : 9 × 6^{cm},4. Gravure représentant un Bison.

Le trait est profond, net, sans reprises ni surcharges. Le Bison est entier, de profil, regardant à droite. La crinière et le sommet de la tête se confondent avec le bord usé du fragment de calcaire ; on peut suivre le contour sinueux du dos, tracé presque parallèlement et à courte distance de ce bord supérieur. La croupe et les pattes postérieures sont visibles. Malgré une écaillure de la pierre, on distingue nettement le fourreau. Les pattes antérieures sont simplifiées, tendues en avant, et l'une d'elles porte même les indications du double sabot. En suivant la ligne inférieure du cou, on tombe sur une région angulaire représentant la barbiche. Cette gravure ne manque pas d'élégance ; l'attitude de l'animal est exacte, mais beaucoup de détails sont négligés. (Grandeur naturelle.)

accumulées, s'est montré d'une richesse industrielle remarquable. La couche archéologique dépassait fréquemment 1^m,50.

Vers le pied du talus, mes travaux ont été contrariés par l'envahissement de l'eau ; la nappe provenait d'un lit perméable dans le calcaire, et une dérivation a été nécessaire.

La nomenclature de toutes les pièces siliceuses recueillies dans cette vaste tranchée longue de 15^m,50 serait fastidieuse si j'énumérais les moindres bouts de lames rencontrés par milliers. Ce qui importe dans ce travail, c'est l'exposé d'une facture industrielle très constante jointe aux manifestations artistiques de premier ordre ; car, avant les découvertes du Roc, les gravures et les sculptures solutréennes étaient à peine entrevues.

Fig. 15. — Plaquette du Bison et de l'Ours. Grès feuilleté d'un rouge sombre violacé. Dimensions : 13 × 17 cm.

Cette gravure est d'une exécution remarquable ; c'est la plus belle rencontrée au Roc ; elle provient de la tranchée sous-jacente à la grotte de la Vierge. Le Bison est d'une facture qui rappelle celle des plus belles gravures magdaléniennes. L'animal est de profil à droite. La tête est énergiquement dessinée. Les détails du museau et de la narine sont précis. Le sommet de la tête et la ligne supérieure du cou sont bien indiqués ; la corne gauche franchit cette ligne sans être coupée. On trouve là une attention et un soin particulier chez l'artiste. La bosse n'est pas visible ; il existe une fracture de la pierre à son niveau. L'exécution de l'œil est remarquable ; deux traits concentriques, parallèles et ellipsoïdes, limitent le globe oculaire. L'angle interne de l'œil est d'une exécution si parfaite que la caroncule lacrymale est figurée ! La corne gauche, en forme d'S allongé, émerge en arrière du trait qui limite l'arcade sourcilière. La corne droite est vue sur un plan profond en raccourci. Les deux cornes sont bien parallèles, et leur perspective est rigoureuse. M. Henri Breuil a bien voulu étudier cette gravure et a reconnu, d'autre part, une tête d'Ours incomplète dont les oreilles forment deux boucles à la hauteur de la bouche du Bison. Deux lignes parallèles répondent incomplètement au front de l'Ours, et son dos est représenté par un trait qu'une fracture interrompt. La patte antérieure et le cou sont bien figurés.

Cette superposition de gravures est un procédé souvent rencontré dans les œuvres magdaléniennes. (Grandeur naturelle)

La vaste tranchée que nous étudions m'a fourni quelques jolies feuilles de
laurier de petite dimension et aussi plusieurs pointes à cran typiques. Ces
deux pointes sont reconnues par tous les préhistoriens comme spéciales à un

Fig. 16. — Bloc de calcaire siliceux à surface adoucie. Dimensions : 11 × 13 cm.

De nombreux fossiles (Mollusques et Coralliaires) sont inclus dans la roche. L'une des empreintes géologiques
affecte la forme allongée d'un Ophidien ; ses mesures correspondent à 34 centimètres de longueur et 0^{cm},9 de
largeur. Le contour primitif du fossile a dû servir d'ébauche, et le burin a accentué les sillons ; les reprises sont
très visibles. La tête et une petite région du corps sont seulement existantes. Le nez et la bouche sont creusés
assez profondément. L'œil, bien en place, correspond à un petit fossile. C'est une œuvre très curieuse ; l'artiste
a profité d'un *lusus naturæ* ; il a accentué les caractères de l'Ophidien entrevu. Ce n'est pas une véritable sculpture,
mais plutôt une gravure en champlevé provoquée fortuitement.

étage ; mais ici je ne serai pas d'accord avec les classiques qui limitent trop
exclusivement les feuilles de laurier à la base et les pointes à cran au sommet.

Au Roc, il n'y a pas une répartition aussi sévère, et ce serait une erreur de penser que les pointes à cran font défaut à la base de la couche.

Je ne m'étendrai pas sur la description de ces deux armes trouvées dans cette tranchée, quoique de très bel aspect; elles n'offrent pas de particularités spéciales à cette région.

Cependant, une longue pointe pédonculée (fig. 25, n° 19) mérite une remarque: elle provient de la partie supérieure du talus et non de sa déclivité; sa position ne peut donc s'accorder avec ses tendances aurignaciennes. Comme ailleurs, il existe ici des persistances de types, des modèles spontanés, qui peuvent rappeler d'anciennes formes. Ces trouvailles doivent nous rendre très prudents, car la détermination d'une époque ne dépend pas exclusivement de la conformation d'une pièce isolée.

Dans ce faciès solutréen charentais, on trouve une extension remarquable des burins, comme dans le Magdalénien ; je ne sais si une influence locale a présidé, au Roc, au développement prodigieux de cet outil, mais il est certain qu'ici l'emploi du burin est très répandu. Toutes les formes, toutes les variétés, toutes les dimensions y sont représentées. Il n'est pas douteux que les Hommes contemporains de ces dépôts ont connu cette scie unidentée si précieuse pour le prélèvement des baguettes osseuses. D'ailleurs, les longs sillons constatés sur les diaphyses de différents canons d'Équidés et de Ruminants attestent le sciage tout spécial obtenu à l'aide de cet instrument.

Souvent le burin était associé à un grattoir (fig. 26, n° 8), et le même outil servait à un double usage; par une extrémité, l'Homme dégageait une baguette limitée par deux sillons et, par le grattage, il obtenait l'arrondissement de l'esquille. J'ai trouvé aussi ce grattoir-burin sous une forme très réduite, et je pense que cet instrument délicat n'est pas très répandu ailleurs.

Parfois, les burins sont doubles ; dans un premier cas, l'extrémité tronquée d'une lame possède un burin de chaque côté; dans un autre cas, les deux extrémités opposées sur l'axe longitudinal portent chacune un angle dièdre.

Plus rarement, le burin est associé à une pointe (fig. 26, n° 3).

Certaines variétés sont massives et probablement destinées au travail des substances résistantes, telles que la pierre (fig. 34).

Les pointes de javelot en bois de Renne se trouvent en petit nombre ; malgré leur état fragmenté, on peut distinguer des spécimens à section ronde ou elliptique possédant une rainure longitudinale pour loger probablement le poison. La base est transformée en méplat unilatéral sans encoche.

L'outillage osseux m'a fourni encore un coin, une rugine, un bâton de commandement.

Les gravures si peu connues dans le Solutréen ne sont pas exceptionnelles au Roc sur la subsistance osseuse. J'ai d'ailleurs retrouvé des pointes assez fines qui pouvaient parfaitement figurer dans l'outillage d'un graveur, et j'ai même recueilli un cristal de roche hyalin, isolé, de forme allongée, qui portait à sa pointe des traces d'écrasement.

Je me contenterai de représenter ici les photographies des gravures; elles

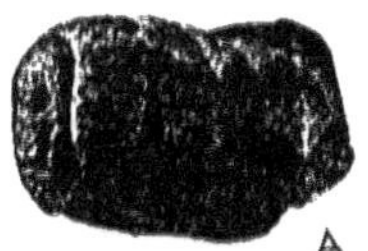

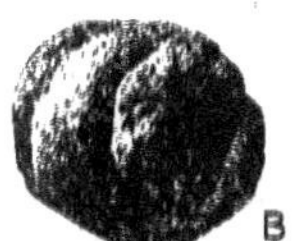

Fig. 17. — Figurine en calcaire.

Son volume correspond à celui d'une amande renflée et arrondie. Sa coloration rouge-brique clair tient à l'action du feu. Cinq sillons profonds entament le petit cylindre; ils sont espacés de 5 millimètres environ. La régularité des sillons n'est pas parfaite, car on y voit quelques reprises et deux interruptions. L'une des extrémités est fort intéressante, car elle est transformée en une sorte de cartouche elliptique limité par une profonde incision ; il en résulte une notable saillie. Sur ce médaillon, on distingue un trait précis correspondant au sourcil droit, puis deux petits trous, dont l'un intentionnel, représentent les yeux. La bouche est également figurée par un trait à concavité supérieure.

Il n'est pas douteux que cette sculpture représente une figure humaine, sorte de masque émergeant d'un appareil cylindrique et cerclé. Je n'ai pu trouver dans les collections de nos musées de semblables spécimens ; celui-ci est un cas indéniable de sculpture façonnée en totalité. Cette figurine, d'une signification insondable, a été surnommée par quelques-uns de mes collègues : le Poupon ! (Grandeur naturelle.)

seront plus éloquentes que les descriptions déjà données ailleurs (fig. 13, 14 et 15).

Les gravures sur pierre trouvées dans cette tranchée comportent un petit Cheval (1), un Bison superposé à un Ours, un autre Bison et un Serpent.

Toutes ces manifestations artistiques sont exécutées sur des plaquettes calcaires.

La sculpture m'a donné aussi quelques objets dans cette tranchée : un petit bloc de calcaire que j'aurais supposé informe, si d'autres œuvres précises n'étaient venues lui donner un certain intérêt. Il simule vaguement un buste humain.

Sur une plaquette de calcaire ferrugineux qui portait de nombreuses empreintes fossilifères, l'une d'elles, de forme allongée, a été recreusée intentionnellement (fig. 16); les sillons primitifs sont accentués et même modifiés, ils reproduisent très nettement le contour d'un serpent. Cette figuration est en champlevé manifeste, mais ce n'est pas encore de la véritable sculpture.

Nous trouvons ailleurs, sur un petit bloc de calcaire cylindrique, de la dimension d'une grosse noix, une sculpture évidente. Taillée sur toute sa surface,

(1) Dr Henri MARTIN, *Institut français d'Anthropologie*. Séance du 18 février 1925 (*L'Anthropologie*, 1925, p. 345).

cette pièce est encerclée de cinq sillons et porte à l'une de ses extrémités une
sorte de médaillon en saillie, où il est aisé de retrouver des traits correspondants
à ceux d'un visage humain (fig. 17, A et B).

Ces œuvres d'art sont exceptionnelles dans le Solutréen; la liste est très

Fig. 18. — Dalle aux Annélides.

Cette pièce provient de la tranchée ouverte dans le talus situé au-dessous de la grotte de la Fontaine ; elle est
en grès ferrugineux. Son poids atteint 5ᵏᵍ,600, et ses mesures donnent 20 × 23 cm. L'une des surfaces porte des
sillons en spirale qu'on peut attribuer aux pistes d'Annélides sur une surface molle, avant la consolidation de la
pierre. Les sillons ont une largeur uniforme de 4 millimètres ; ils sont bordés de chaque côté par un épaulement
très sensible qui correspond au refoulement du sol argileux humide sous le poids des Vers qui cheminaient.
Ces pistes comprennent plusieurs cercles ; elles aboutissent à deux cupules qu'on peut regarder comme l'entrée
de trous des Annélides.

Cette dalle, trouvée probablement sur le plateau du Roc par les Troglodytes solutréens, a été remarquée à
cause de ses gravures fortuites ; elle fut transportée par eux dans la grotte. Là, les bords de la pierre furent
régularisés, car on y trouve des cupules semblables à celles des gros nucléus, que nous considérons comme des
traces de débitage.

La surface de cette dalle, recouverte d'empreintes, a subi un certain polissage ; on y distingue aussi de nombreuses taches d'ocre rouge. Cette pièce, d'après M. Henri Breuil, peut être considérée comme une pierre-fétiche.
Ici, l'Homme s'est approprié un objet ornementé dont il n'était pas l'auteur ; il ne pouvait d'ailleurs en soupçonner l'origine, mais il a laissé sur cette dalle des traces indéniables de son intervention : la taille marginale et
la matière colorante.

courte ; mais au Roc, la série est déjà beaucoup plus importante que l'ensemble
recueilli ailleurs. Ici, le fait mis en évidence est l'association de la gravure et de
la sculpture avec l'industrie solutréenne typique et abondante.

L'étude des produits industriels rejetés des deux grottes nous montre une
similitude assez grande entre eux, mais il n'est pas possible d'établir, d'après

la superposition des couches, une évolution palpable. Le passage du niveau inférieur au niveau supérieur des horizons ne m'indique aucune prépondérance certaine d'un type industriel quelconque. A la base, je ne retrouve pas d'assise aurignacienne ; elle devrait cependant exister, puisque, dans l'intérieur de la grotte du Roc, cette époque laisse des traces certaines. Dans les tranchées préspéléennes du talus, on se heurte à des circonstances inconnues qui nous privent de renseignements utiles, car l'Aurignacien fait défaut. Cependant, ces deux tranchées nous livrent déjà des œuvres d'art d'un grand intérêt ; elles apportent un fort appoint aux rares découvertes signalées ailleurs et nous prouvent que l'époque solutréenne, telle qu'on veut bien la comprendre classiquement, possédait des artistes de grand talent.

Lorsque nous aurons étudié, dans le chapitre suivant, l'atelier et sa frise sculptée, nous serons édifiés sur la valeur artistique des Troglodytes, qui ont composé, au Roc, une frise d'un très grand intérêt.

CHAPITRE IV

L'ATELIER SOLUTRÉEN DU ROC
DÉCOUVERTE DE LA FRISE SCULPTÉE

Au mois de juin 1927, j'ai ouvert une nouvelle tranchée située entre la grotte du Roc et la grotte de la Vierge (fig. 19, coupe B). Ici, nous ne sommes plus au-dessous d'une ouverture spéléenne, mais dans un lieu sous-jacent à un modeste encorbellement de la falaise, et l'abri qui en résulte est très limité.

Déjà, en octobre 1926, un sondage indiquait en ce point, au pied de la pente, quelques pièces solutréennes. En poursuivant la tranchée au travers du talus, je trouvai le plan calcaire à 2 mètres environ de profondeur ; il s'élevait progressivement dans la direction de la falaise. La couche archéologique était composée de terre sablo-argileuse jaunâtre et de blocs de pierre souvent assez gros. Parmi les pièces rencontrées là, j'ai trouvé deux petites feuilles de laurier atypiques ; leur longueur ne dépasse pas 58 millimètres, leur facture est très fine et les retouches ne couvrent pas uniformément les deux faces, puisque l'inférieure présente seulement un travail d'amincissement aux deux extrémités (fig. 22, n°s 1 et 2).

Lorsque la tranchée atteignit la cote de 7^m,75, mesure prise à la surface du plan incliné, je remarquai une orientation différente du substratum calcaire ; de déclive qu'il était dans sa partie basse, il prenait maintenant une direction horizontale marquée (fig. 20 et 21). Cette orientation s'est poursuivie sur une profondeur de 5^m,30 dans la direction de la falaise. La progression des travaux mettait à nu une véritable terrasse où reposait un vaste foyer ; ses limites s'étendaient largement de chaque côté et dépassaient l'ampleur de la tranchée primitive.

Au cours des travaux exécutés pendant l'été 1927, j'ai suivi toute l'extension de cette plate-forme ; sa surface correspond à environ 37 mètres carrés. Le sol était recouvert d'une magnifique couche archéologique dont l'épaisseur oscillait entre 10 et 35 centimètres ; je retrouvai là tous les spécimens possibles de l'industrie solutréenne.

Dans toute son étendue, cette couche était presque uniformément constituée

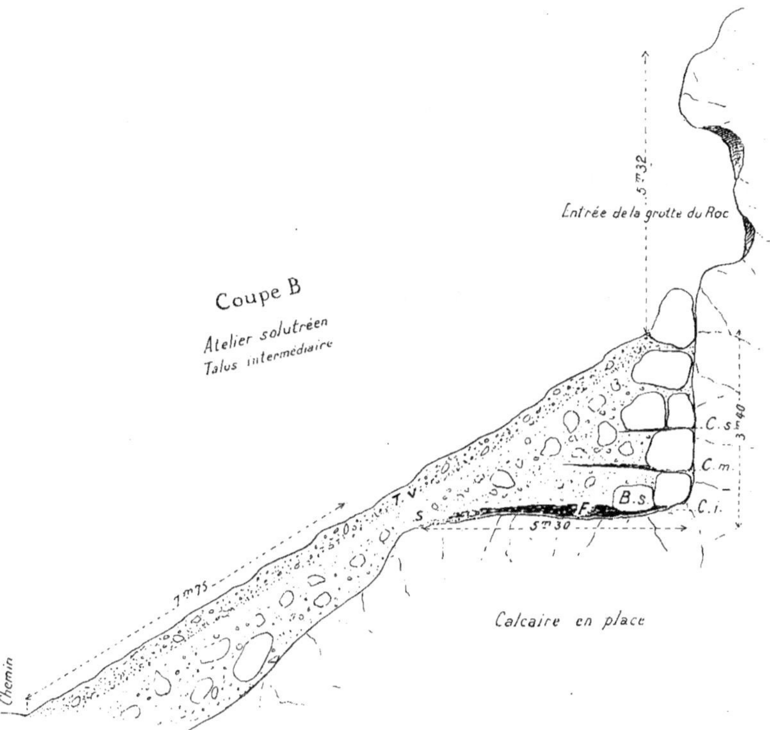

Fig. 19. — Station solutréenne du Roc. Coupe B passant par l'atelier entre les grottes du Roc et de la Vierge.

T.v., terre végétale; *S*, couche solutréenne; *F*, foyer solutréen; *C.i.*, *C.m.*, *C.s.*, niveaux solutréens superposés et séparés par des éboulements; *B.s.*, bloc sculpté, la face ornementée était en contact avec la couche archéologique lors de la découverte.

de pierrailles calcinées, d'os brûlés, de cendres et de nombreux silex taillés ou éclatés. Souvent différents éléments du dépôt étaient unis par une infiltration de calcite plus ou moins prononcée ; la couche devenait alors très résistante. Sur la bordure externe de la plate-forme, la brèche se transformait en un dépôt un peu argileux où les traces de feu n'existaient plus.

Au fond de la plate-forme se trouvaient de gros blocs de pierre ; ils formaient une sorte d'hémicycle et paraissaient s'adosser contre la roche verticale en place. Les blocs extrêmes de l'arc occupaient une position plus avancée que celle des blocs centraux (fig. 21).

Parmi ces masses calcaires au nombre de huit principales, l'une, située vers

Fig. 20. — L'atelier solutréen du Roc. Vue prise de l'entrée de la grotte du Roc.
La plate-forme était recouverte d'une importante couche archéologique. Les blocs sculptés retournés s'appuyaient contre les masses calcaires qui limitent le fond de l'atelier.

la gauche, dépassait $1^m,50$ de longueur ; son poids approximatif était d'une tonne. Deux autres blocs portaient des traces d'usure sur la face supérieure ; il est fort probable que les faces, relativement planes et à l'air libre à l'époque solutréenne, étaient utilisées par les Troglodytes, car on y voit des traces d'usure et de polissage partiel, dues à un frottement prolongé.

L'étude des éléments qui constituent la couche répartie sur toute la plate-forme de l'atelier est très instructive. D'abord, signalons la présence de nombreux galets de quartz et de granit ; souvent leur taille répond à celle du poing. Ces galets proviennent de la grotte voisine, ils s'y trouvent en abondance au milieu d'une couche de sable ; cet ensemble répond à une formation de remplissage dans le niveau le plus inférieur relevé à l'entrée de la grotte du Rco

Recueillis par les Solutréens, ces galets ont subi dans le foyer l'action prolongée

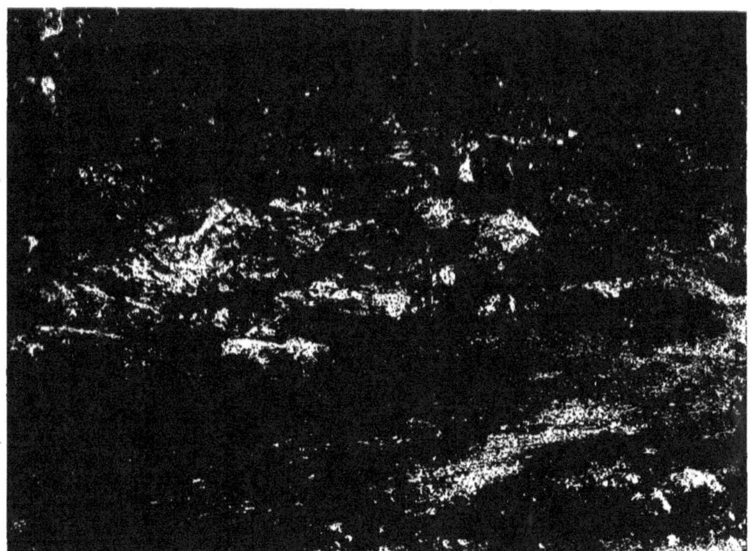

Fig. 21. — L'atelier solutréen du Roc.

Vers la droite, relevés sur le sol, on voit trois blocs qui correspondent probablement aux socles des blocs A, B et C. Au milieu, on distingue des masses calcaires étayées récemment ; elles correspondent à des éboulements anciens. Un peu à gauche du centre, se trouve le bloc F aussitôt après son dégagement. A gauche, une grosse masse calcaire, aux angles arrondis et à surface usée, limite le cintre de l'atelier.

du feu ; leur périphérie est d'une couleur laque carminée foncée ; cette teinte est superficielle, car la fracture de ces roches montre à l'intérieur une structure non altérée. Il est probable que ces galets répondent à des pierres de foyer ; cependant je n'ai pas trouvé les groupements qui permettent de l'affirmer.

Une autre constatation, faite du côté des éclats, nous montre que leur abondance répond bien, en ce lieu, à un centre de débitage et de taille de silex. Ces éclats sont très fréquemment de forme écailleuse, minces, oblongs ou circulaires ; ils correspondent aux retouches observées sur les feuilles de laurier.

Les os brûlés sont généralement en très petits fragments ; ils apparaissent sous une teinte noire ou blanchâtre avec des reflets violacés quand la calcination a été prolongée.

Quelquefois, au milieu du foyer, j'ai trouvé des débris non calcinés, des phalanges de Renne par exemple.

En aucun point du vaste foyer je n'ai rencontré les plaquettes calcaires gravées, comparables à celles signalées dans les deux tranchées situées sous les grottes. Le dépôt de cette plate-forme ne correspond pas aux déchets tombés d'un point supérieur, mais au contraire à un abandon sur place d'objets usagés ou perdus. Peut-être était-ce la cause de l'absence des gravures?

INDUSTRIE

Un court aperçu de l'industrie rencontrée dans cet atelier est utile, puisque nous nous trouvons dans un emplacement circonscrit où l'activité solutréenne s'est manifestée d'une façon si intense. La couche archéologique a été presque entièrement fouillée ; j'ai laissé cependant un modeste témoin.

Le volume de la couche explorée représente approximativement 6 mètres cubes et, dans cet important dépôt, j'ai recueilli un nombre de pierres dépassant deux mille.

Sur la périphérie de l'atelier et même en quelques points de la plate-forme, j'ai rencontré, à la base de la couche archéologique, de longs éclats de silex très peu retouchés, munis d'un pédoncule spontané; ils se rapprochent des formes dites « feuilles de saule » (fig. 22, nᵒˢ 4 à 9). Ces pièces ne manquent pas d'intérêt, puisque, dans les stations solutréennes de la Dordogne, on les rencontre aussi à la base de cet étage.

Sur la bordure antérieure de la plate-forme, à la naissance de la pente du talus, les traces de feu disparaissent; la couche prend une consistance plus argileuse, sa teinte est plus claire et sa résistance moindre. J'ai trouvé là trois belles feuilles de laurier (fig. 23, nᵒ 2 ; fig. 24, nᵒ 1) ; elles étaient posées à plat

---

dente, appartient à un type plus élancé ; 3 et 3 *bis*, feuille de laurier avec une taille peu soignée ; 4, pointe à cran, forme allongée. La pointe et le pédoncule sont taillés, mais les bords très tranchants n'ont subi aucune modification ; 5, feuille de saule. L'éclat de débitage a subi très peu de transformations. La région inférieure est pédonculée ; 6, feuille de saule. Éclat sans retouches. Pointe fine, bords tranchants, base amincie et rétrécie ; 7, pointe allongée, petite échancrure vers l'extrémité antérieure, bords tranchants, aucune retouche ; 8, pointe pédonculée, extrémité antérieure très effilée, bords tranchants. Les seules retouches visibles se trouvent sur le pédoncule du côté droit à la face inférieure ; 9, pointe à pédoncule médian ; l'extrémité antérieure est finement retouchée, les bords proviennent du débitage, ils sont très tranchants. Le rétrécissement du pédoncule provient en partie de la taille ; 10, petite pointe pédonculée, l'extrémité antérieure et le bord droit portent de fins éclats ; 11, pointe à cran peu travaillée, l'extrémité antérieure et le bord droit du pédoncule sont retouchés ; 12 et 12 *bis*, pointe à pédoncule médian, taille bifaciale. Technique solutréenne. Amincissement du pédoncule par un éclat, forme rare ; 13, pointe effilée, retouches marginales périphériques, pédoncule médian façonné à l'aide de retouches ; 14, longue pointe, retouches accentuant l'extrémité antérieure, bords tranchants, pédoncule médian sans retouches. (Grandeur naturelle.)

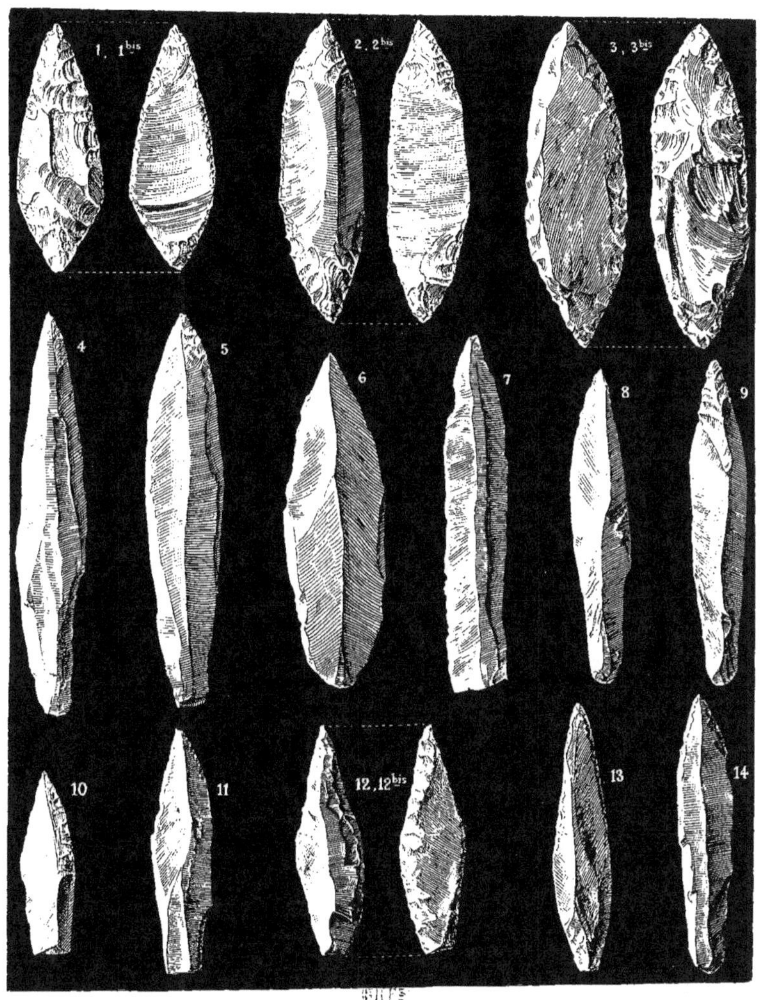

Fig. 22. — Industrie de la couche inférieure solutréenne trouvée dans la partie inférieure du talus, au-dessous de l'atelier (voir fig. 19, coupe B).

1 et 1 *bis*, feuille de laurier. Les extrémités sont soigneusement taillées aux deux faces. La région moyenne est peu retouchée sur la face supérieure et aucunement en dessous ; 2 et 2 *bis*, feuille de laurier analogue à la précé-

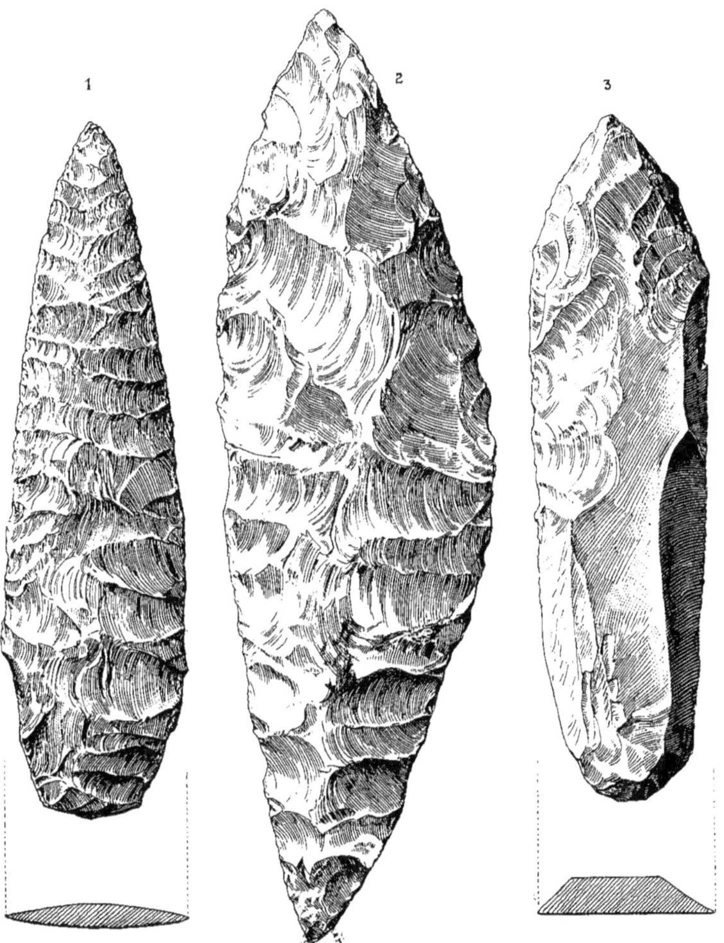

Fig. 23. — Pièces trouvées sur la plate-forme de l'atelier solutréen du Roc.

1, poignard en silex de teinte ardoisée. Taille bifaciale très soignée, amincissement extrême de la région terminale : épaisseur, 2^{mm},5. Base légèrement rétrécie favorable à l'emmanchement ; 2, grande feuille de laurier, taille bifaciale très soignée. Éclats lamellaires transversaux ; 3, poignard, région antérieure retouchée aux deux faces ; la base de la pièce est rétrécie à l'aide d'un long éclat marginal, il en résulte une sorte de poignée. (Grandeur naturelle.)

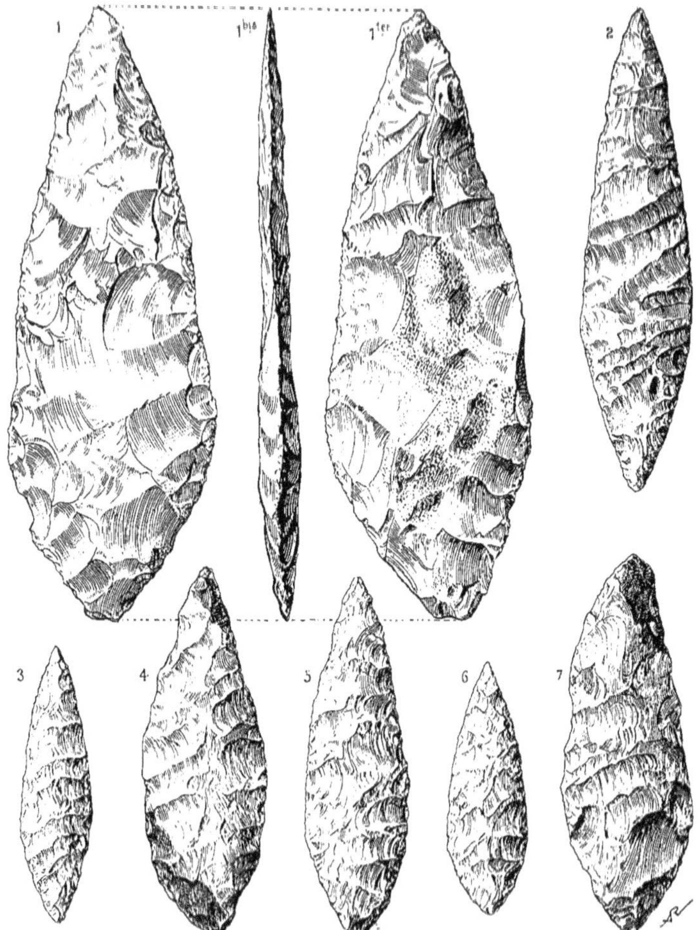

Fig. 24. — Feuilles de laurier trouvées dans l'atelier solutréen du Roc.

1, 1 bis, 1 ter, type à taille bifaciale totale, travail marginal soigné ; 2, forme élancée, taille bifaciale, éclats transversaux étroits et sensiblement obliques sur la région moyenne. Les deux extrémités sont très soignées ; 3, petite forme, même technique, les deux faces sont identiques. Travail d'une habileté remarquable ; 4 et 5, types de taille moyenne, même travail bifacial ; 6, petite feuille de laurier, taille bifaciale uniforme irréprochable. L'une des extrémités est un peu plus renflée ; 7, feuille de laurier d'une technique moins habile, la face inférieure ne porte pas uniformément les éclats transversaux. (Grandeur naturelle.)

sur le sol calcaire et à peu de distance les unes des autres. La plus grande mesure 15 centimètres ; elles sont intactes et leur exécution est remarquable.

La position de ces belles sagaies sur la bordure de l'atelier ne fait-elle pas songer aux armes prêtes à servir en cas de danger ? Cette hypothèse est préférable à celle d'objets votifs bien alignés ! Ces sagaies, qui devaient posséder une hampe ligneuse, ont été perdues ou abandonnées ; elles représentent peut-être l'armement d'un homme opérant une brusque retraite.

La proportion des feuilles de laurier donne 18 spécimens intacts et 100 fragments au minimum ; celle des pointes à cran est de 58 entières et 150 débris environ.

Si la précision des chiffres indiqués n'est pas absolue, cela tient aux fragments douteux qu'on ne peut homologuer avec certitude.

Le plus grand type de feuille de laurier mesure $17^{cm},6$ et le plus petit $4^{cm},7$. Tous les termes employés habituellement pour les décrire : finesse, élégance, habileté, pourraient figurer ici. En somme, ce sont de magnifiques produits de l'art solutréen.

Les pointes à cran affectent plusieurs types : les unes élancées, les autres trapues, toutes portent le cran à droite, mais, sur deux exemplaires atypiques, on voit le cran à gauche. Ces pointes pédonculées se montrent quelquefois sous l'aspect d'un éclat mince, allongé, pourvu d'une soie ; ces pièces sortent d'une région choisie sur le nucléus, et la grande adresse de l'artisan se devine dans le choix d'une surface sur un bloc de silex. Il savait reconnaître le point précis pour donner le choc et obtenir d'un seul coup une arme munie de son pédoncule, de sa pointe et de ses bords tranchants. Sur une telle pointe, nul travail de retouches ultérieures n'était utile, il aurait été même nuisible. Ce sont, à mon avis, des pièces très remarquables, moins appréciées cependant des collectionneurs, qui préfèrent les formes très retouchées (fig. 22, n°s 8 et 9).

Vers le fond de l'atelier, sur la face supérieure d'une pierre de moyenne taille, j'ai trouvé appliqué un magnifique poignard en silex de teinte ardoisée. Sa longueur atteint 140 millimètres, sa largeur maximum 35 millimètres et son épaisseur 7 millimètres (fig. 23, n° 1). C'est une pièce irréprochable, où les retouches lamellaires sont peu profondes sur les deux faces, mais elles ont néanmoins déterminé un amincissement extrême de la lame. Du côté opposé à la pointe, l'arme porte un étranglement approprié évidemment à l'emmanchement, et la base de la pièce légèrement tronquée, mais non cassée, est un peu plus épaisse.

Une autre pièce est assimilable à ce type de poignard (fig. 23, n° 3), mais elle est d'une exécution moins soignée, et les retouches intéressent peu la face inférieure, sauf vers la pointe. L'étranglement basilaire est encore visible ici et paraît significatif.

Un grand nombre de petites pointes, peu ou pas retouchées, ont été retrouvées ; elles pouvaient armer des flèches et accompagner l'arc, qui n'était pas une arme inconnue à cette époque.

Les pointes, dites à dos rabattu, sont nombreuses mais généralement fracturées ; une seule est entière.

Les grands poinçons à extrémité active très dégagée ne sont pas abondants : j'en ai trouvé quinze ; l'un d'eux a été taillé sur un débris de feuille de laurier (fig. 25, n° 1) ; un autre, très beau, est associé à un grattoir (fig. 25, n° 4) ; un poinçon double a même été rencontré (fig. 26, n° 2) ; les deux pointes s'opposent sur les extrémités d'une lame. Enfin, je signalerai un petit éclat à section triangulaire (fig. 26, n° 7), où l'une des extrémités est terminée en pointe très fine. Était-ce un petit foret capable de percer le chas des aiguilles en os ? Je n'ai cependant pas trouvé de traces d'aiguilles, mais elles sont signalées ailleurs dans le Solutréen (1).

Les grattoirs sont abondants ; ils terminent souvent des lames courtes ou longues ; ils sont simples ou doubles ; sur quelques pièces, le grattoir est muni d'un burin ; ceux qui possèdent une pointe sont plus rares (fig. 26, n°s 8, 9 et 10). Certaines variétés sont discoïdes, taillées sur les deux faces ; j'ai pu en recueillir quarante-cinq. Cette forme est assez spéciale, elle est d'une attribution difficile ; cependant, deux exemplaires très massifs ont pu assurer un travail résistant sur une substance dure telle que la pierre, et nous pouvons les compter parmi les outils des sculpteurs.

Il en est de même pour certains outils trapus du genre burin. L'un d'eux mesure 18^{cm},5 ; il porte un angle dièdre résistant, taillé de chaque côté par des facettes multiples (fig. 34, n° 3) ; nous pouvons le regarder sans chances d'erreur, comme un outil pouvant travailler la pierre.

Les burins sont abondants et leurs formes multiples.

Les lames, en très grand nombre, atteignent parfois de belles dimensions

(1) A. VIRÉ, Grotte préhistorique de la Cave (*L'Anthropologie*, 1905, vol. XVI, p. 422).

---

de la pièce ne porte pas de retouches solutréennes, de fins éclats garnissent toute la périphérie, pointe très fine ; 9 et 12, pédoncule presque médian ; 10 et 22, formes massives ; 11, l'axe de la pièce est légèrement arqué, taille soignée ; 13, forme négligée ; 14, éclat habilement prélevé sur un nucléus, pointe et pédoncule retouchés ; les bords ont conservé le tranchant primitif donné par le débitage ; 16, forme négligée, trapue, à pédoncule court ; 17 et 20, types de grande taille ; 18, pointe aplatie, pédoncule médian ; 19, pointe rappelant les types de l'Aurignacien supérieur. Long pédoncule, pointe soignée, bords tranchants ; 21, forme massive, le cran est très dégagé, les bords sont retouchés suivant la technique alterne sur les faces opposées, extrémité antérieure soignée ; 23, forme dégénérée, trouvée dans le niveau supérieur solutréen, pédoncule long et épais, cran rapproché de la pointe. (Grandeur naturelle.)

Fig. 25. — Variabilités des pointes à cran dans les couches solutréennes du Roc.

1, 3, 5, 8 et 14, formes allongées, taille soignée, pédoncule accentué, pointe souvent taillée à la face inférieure ; 2, pédoncule peu différencié ; 4, forme moins régulière, la pointe cependant est très fine ; 6 et 7, le dos

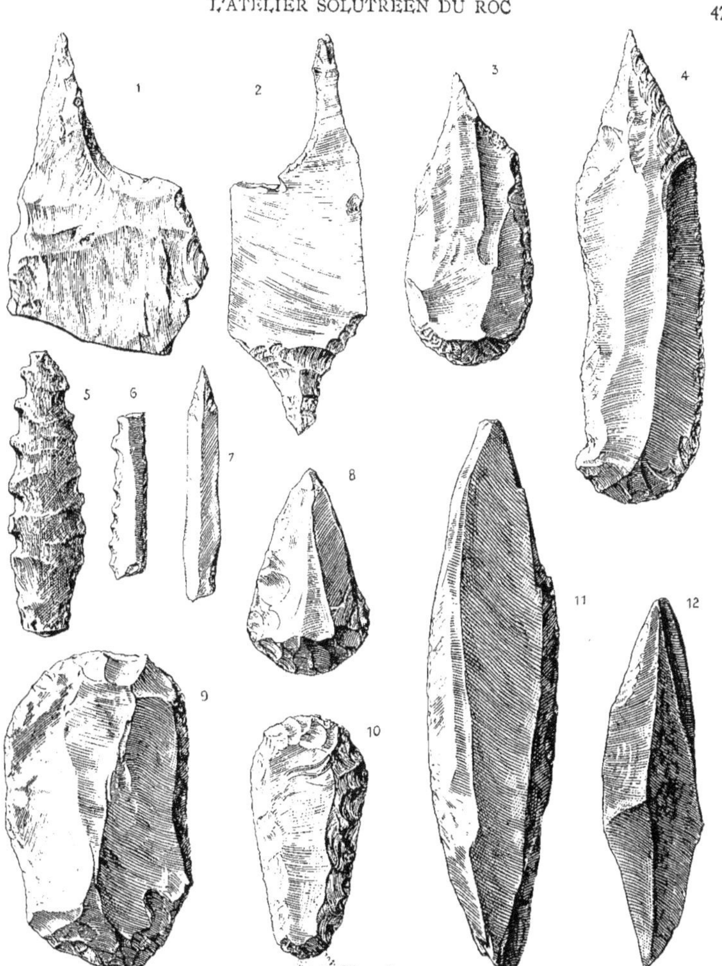

Fig. 26.

1, poinçon taillé sur un débris de feuille de laurier; 2, double poinçon taillé sur les deux extrémités d'un fragment de lame. L'un des poinçons est trapu et médian; l'autre, très allongé, est latéral; 3, poinçon-grattoir; 4, poinçon-grattoir, bords tranchants, la forme est très soignée, la taille est périphérique; 5, pièce offrant une taille solutréenne bifaciale. Épaisseur: 4 millimètres. Dents latérales assimilables à celles d'une scie; 6, petite lame à encoches latérales, présence de dents capables de scier; 7, poinçon à extrémité très fine; 8, burin-grattoir, petit modèle; 9 et 10, grattoirs oblongs, taille périphérique; 11, double burin, forme allongée. Un des côtés de l'angle dièdre est obtenu par plusieurs retouches; 12, burin muni d'une pointe sur l'extrémité opposée. (Grand. naturelle.)

Fig. 27.

1, grand burin. Outil des sculpteurs (?) ; 2, grande lame munie d'un grattoir, bords latéraux tranchants. Le plan longitudinal est fortement arqué ; 3, burin massif, très résistant. Outil de sculpteur (?) ; 4 et 5, grattoirs-burins ; 6, large et très puissant burin. Outil de sculpteur (?). (Grandeur naturelle.)

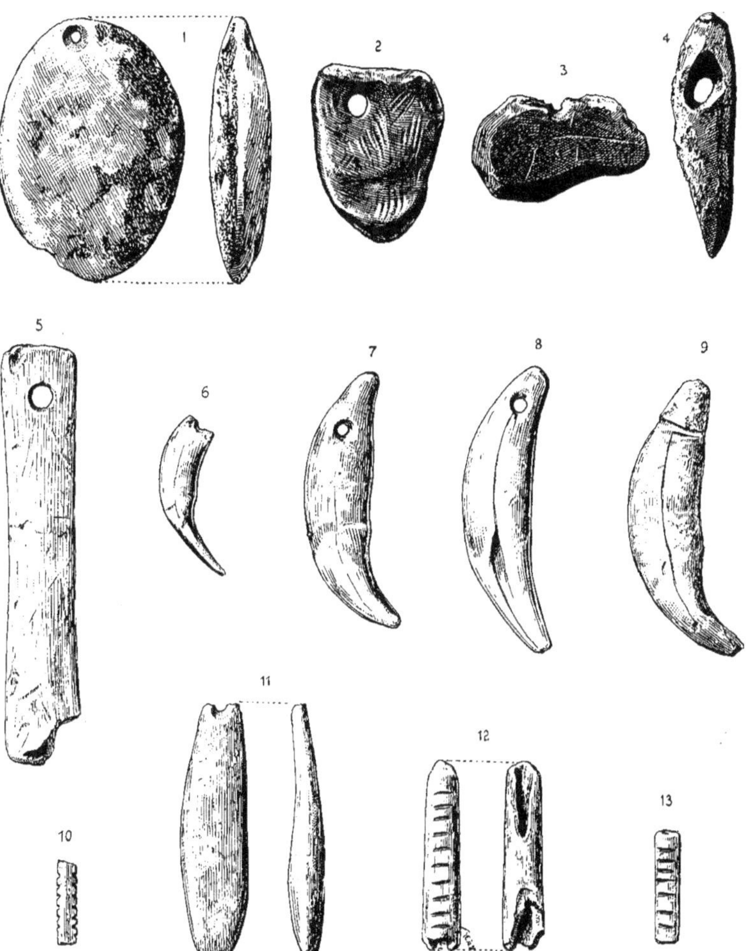

Fig. 28. — Amulettes.

1, petit galet en quartz, traces de polissage et trou de suspension à proximité du bord ; 2 et 3, fragments de manganèse, traces de polissage, nombreux vestiges de grattages. Trou de suspension ; 4, pendeloque conoïde en manganèse, large trou de suspension, traces de grattages sur la périphérie ; 5, plaquette osseuse polie avec trou de suspension. Même pièce que celle représentée sur la figure 7, n° 1 ; 6, canine de Renard avec trou de suspension fracturé ; 7 et 8, canines de Loup avec trou de suspension ; 9, canine de Loup offrant vers l'extrémité de la racine un sillon périphérique destiné probablement à un lien ; 10, petite esquille ornementée d'encoches latérales et symétriques ; 11, plaquette en calcaire poli, trou de suspension fracturé ; 12, fragment d'os long (?) portant une rangée d'entailles courtes et équidistantes. Cavité médullaire libre. Élément de collier ; 13, fragments d'os d'Oiseau, entailles courtes et équidistantes sur une seule rangée, cavité médullaire libre. Élément de collier. (Grandeur naturelle.)

(16 centimètres) ; en général, elles sont peu retouchées, à moins qu'un grattoir
ne termine l'une des extrémités (fig. 27, n° 2). Souvent, elles sont minces, in-
curvées sur leur plan horizontal et, pour employer l'expression courante, elles
sont élégantes et de belle venue. Plusieurs d'entre elles portent sur chaque bord,
vers le tiers inférieur, une encoche symétrique. M. H. Breuil, qui les a étudiées
ailleurs et reconnues ici, pense que ce dispositif assez fréquent est en rapport
avec l'emmanchement de la lame. Les éclats d'utilisation existent sur le tranchant et empiètent sur les deux faces ; ces traces indiquent que l'emploi du
couteau n'était pas toujours réservé à couper des substances tendres, comme
la viande par exemple.

Les scies, ou tout au moins les silex qui portent des petites dents régulièrement disposées sur un ou deux bords, sont rares ; j'ai recueilli seulement deux
spécimens de ce genre (fig. 26, n°s 5 et 6). L'une de ces scies est remarquable,
elle est taillée dans un silex noir ; sa forme est élancée et très aplatie ; elle est
retouchée aux deux faces et porte des dents sur les deux bords. C'est un outil
qui, évidemment, pouvait scier, mais nous ne pouvons certifier que les dents
taillées avec tant de soins n'étaient pas destinées à barbeler une pointe de
flèche. De toute façon, cette pièce est exceptionnelle.

Les nucléus sont abondants ; ce fait est d'ailleurs très naturel, puisque nous
sommes ici dans un atelier où la taille du silex est intense. Ils sont en général
de moyenne taille ; les plus gros n'atteignent pas le volume du poing ; tous
portent des empreintes de pointes délicates.

Certains petits nucléus possèdent deux surfaces planes presque opposées,
et chacune d'elles a été, sur sa périphérie, le point de départ de détachements
lamellaires. Peut-être pourrait-on rapprocher quelques-uns de ces petits blocs
siliceux des grattoirs nucléiformes, mais je ne suis pas persuadé qu'ils ont
beaucoup agi comme grattoirs.

Les objets de parure rencontrés dans l'atelier, sans être abondants, sont
cependant curieux. Trois fragments de manganèse portent de profondes traces
de raclage ; chacun d'eux est muni d'un trou de suspension. Cette matière miné-
rale et colorante était-elle suspendue comme amulette autour du cou ? Une telle
position ne paraît pas favorable au prélèvement des parcelles dont nous
retrouvons les traces, et on peut se demander si ces petits blocs n'étaient pas
attachés à la ceinture (fig. 28, n°s 2, 3 et 4).

L'emploi de la poudre manganésienne signalé déjà au Moustiérien par M. Peyrony en Dordogne et ensuite à La Quina, où j'ai trouvé de nombreux fragments
portant des sillons de grattage, n'était pas infailliblement consacré à la peinture par les Néanderthaliens. J'ai attribué à cette substance une tout autre

destination : le tatouage ou le camouflage du corps. Peut-être aussi les guéris-
seurs de l'époque l'employaient-ils dans leurs recettes.

Dans le Paléolithique supérieur, les conditions ne sont plus les mêmes ;
l'art est apparu, et la peinture n'est pas ignorée, nous pouvons donc supposer que les artistes employaient le manganèse, mais ce n'est pas une raison pour trouver là un usage exclusif. Ce que nous constatons au Roc, c'est la présence de trois petits blocs fortement raclés, munis d'un trou de suspension ; ce sont d'ailleurs les seuls récoltés dans les fouilles.

Les amulettes à caractères plus certains sont représentées par un galet de quartz avec trou de suspension vers l'un des sommets (fig. 28, n° 1), puis des canines de Loup, dont l'une porte un sillon circulaire creusé à un centimètre de l'apex de la racine. Les autres dents sont munies d'une perforation (fig. 28, n°s 6, 7, 8 et 9). Une plaquette osseuse et une autre en calcaire sont également percées (fig. 28, n°s 5 et 11).

Dans ce foyer, où j'ai retrouvé un grand nombre de pièces solutréennes caractéristiques, leur distribution m'a permis seulement de constater qu'à la base les feuilles de saule étaient prédominantes, tandis que

Fig. 29. — Industrie solutréenne du niveau moyen.
1 et 2, pointes à cran ; 3, fragment de feuille de laurier ;
4, grattoir double, taille périphérique avec retouches
transversales caractéristiques. (Grandeur naturelle.)

les feuilles de laurier et les pointes à cran étaient également réparties dans
toute la hauteur de la couche.

On attache une grande importance stratigraphique à la position de ces
pièces; mais, au Roc, je n'ai pu constater dans la couche inférieure l'unique présence de la feuille de laurier ; elles sont au contraire associées aux pointes

à cran. Cependant, je dois reconnaître la diminution des feuilles de laurier contre les blocs de l'hémicycle et même au-dessous d'eux, tandis que les pointes à cran y sont prédominantes.

La couche moyenne recouvre en certains points de fortes pierres et les déborde ; elle entre ainsi en contact de la couche inférieure, ce qui ferait supposer qu'elle en est un dédoublement.

Cette deuxième couche solutréenne, ou couche moyenne, est inconstante, et les pièces qu'elle contient sont en petit nombre (fig. 29).

Toutefois, elles sont nettement solutréennes. J'ai retrouvé là un grattoir oblong à taille périphérique, garni de très belles retouches transversales, et deux pointes à cran typiques. Cette couche moyenne est recouverte également de blocs de pierre, puis elle est surmontée d'un dernier horizon solutréen, où l'industrie est précaire. Ce n'est plus sous la forme d'une nappe continue que se présentent ces derniers dépôts ; de même les traces de feu se décèlent par de fins éléments calcinés. Dans la couche supérieure, l'outillage est peu abondant, et les pièces industrielles sont incluses dans une brèche un peu argileuse ; elles sont dispersées et posées à plat sur les blocs éboulés ou bien insinuées dans les fentes qui séparaient jadis les grosses masses de pierre.

Les éclats de taille sont encore nombreux, fait qu'on observe seulement dans un lieu de travail.

Le niveau supérieur a une grosse importance stratigraphique, il m'a donné une pièce très remarquable ; c'est une pointe à cran assez large d'une facture moins habile que celle observée sur les pièces du même ordre rencontrées dans les couches moyennes et inférieures. Cette pointe à cran d'une forme dégénérée est malheureusement unique (fig. 30) ; elle permet d'entrevoir une habileté moins grande chez l'artiste qui en était l'auteur.

Fig. 30. — Pointe à cran trouvée dans la cavité supérieure du Solutréen.

Forme dégénérée, massive, long et large pédoncule, taille unifaciale. (Grandeur naturelle.)

C'était un Solutréen de la période finale ou peut-être même un Magdalénien ayant fréquenté les éboulements qui recouvraient les foyers de la belle et active période précédente.

Si j'insiste sur la stratigraphie de cet atelier, c'est afin de dater rigoureusement les blocs qui garnissaient l'hémicycle, ceux où je devais trouver les sculptures ; leur âge est donc précisé par leur position et par leur ambiance.

Ces blocs reposaient sur la bordure reculée d'un vaste atelier solutréen ; ils étaient recouverts par des éboulements successifs où s'intercalaient deux niveaux distincts avec traces industrielles aux caractères solutréens.

Il ne me paraît pas possible de trouver un encadrement plus précis fixant une époque.

CHAPITRE V

LA FRISE SCULPTÉE

Vers la fin de mon séjour en Charente, je repris, le 6 octobre 1927, mes travaux sur la plate-forme de l'atelier et commençai le dégagement des gros blocs qui le limitaient au fond. Aidé de mon collègue de la Société d'Anthropologie M. Léon Coutier et de son ami André Brisson, je fis partir à la mine le bloc A (fig. 21 et 31), situé à l'extrémité droite de l'hémicycle. Le trou de mine était dirigé obliquement en arrière, pensant obtenir ainsi un meilleur effet. Cette mesure devait fortuitement sauver l'intégrité de la face inférieure du bloc. Après la déflagration, le gros fragment qui se présentait à nous comportait la face antérieure et la face inférieure du bloc intégral ; il était séparé du reste de la masse par une fissure longitudinale.

Manœuvrant par *quartiers*, pour rejeter cette pierre aux déblais, nous aperçûmes, à la seconde reprise, sur la face qui primitivement était en contact avec la couche archéologique, une magnifique sculpture. Ce fut un instant de stupéfaction auquel succédèrent toutes les réflexions qu'un tel régal archéologique pouvait amener.

La longueur du bloc atteignait 1^m,10 ; son épaisseur seule avait été réduite par le coup de mine ; son poids, d'après le cubage, devait dépasser encore 500 kilogrammes. Voulant conserver cette masse dans toute son intégrité avec ses traces d'origine, je ne fis aucun lavage sur place ; malgré cela, on constatait déjà, vers la gauche, la figuration d'un petit Cheval de la taille d'un Chien fox.

La sculpture était en champlevé très profond. Vers l'extrémité droite de la pierre, on distinguait le corps d'un Bovidé privé de sa tête ; celle-ci devait se retrouver un instant après sur le bloc voisin. Le dos de ces animaux, lorsque la pierre était en place, était dirigé vers nous, c'est-à-dire vers le centre de l'atelier. J'observai également que la couche archéologique se poursuivait sous le bloc, mais son épaisseur se réduisait à 10 centimètres. Les sculptures reposaient exactement sur le foyer dont les éléments variés adhéraient à la face ouvragée de la pierre. La couche solutréenne conservait là sa teinte noirâtre due aux matériaux calcinés, et sa résistance était appréciable.

Le premier bloc fut désigné sur le carnet de fouilles par la lettre A (fig. 31).

Aussitôt après ce premier dégagement, le bloc voisin B fut isolé, mais avec

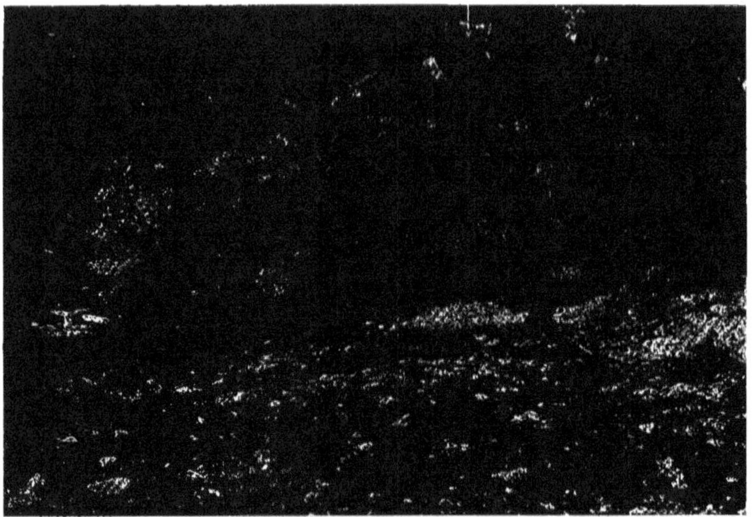

Fig. 31. — Photographie de l'atelier solutréen du Roc aussitôt après la découverte du bloc A.

On vient de redresser la pierre, sa longueur atteint 1^m,10. La face sculptée, apparente au milieu de la photographie, était tournée contre le sol, sur la couche archéologique. On distingue un Cheval à gauche et le corps d'un pseudo-Bovidé à droite ; la tête de ce dernier animal a été trouvée le même jour sur le bloc B. Cette pierre est encore en place parmi les éléments qui forment à droite le cintre de l'atelier. La rencontre des deux flèches blanches coïncide avec le centre du bloc A.

des leviers et non plus avec la poudre. Moins pesant, nous pûmes le mobiliser, le renverser et constater que sa face inférieure, celle qui était encore en contact avec la couche archéologique, portait aussi des traits profonds significatifs d'une tête qui se raccordait avec le corps du Bovidé du bloc A.

Cette seconde trouvaille fut suivie d'une troisième, désignée sous l'indice C ; elle comportait trois fragments juxtaposés où déjà on distinguait un Cheval.

Cette journée de travail avait donc fourni un résultat inespéré et, quelques jours après, le 11 octobre, je devais encore retrouver d'autres sculptures sur les blocs D et F. Enfin la dernière trouvaille révéla sur le bloc C', en arrière de C, un Cheval dont la conservation laisse à désirer.

Toutes ces pierres furent successivement descendues avec précautions et non sans difficultés le long du talus et chargées sur une charrette résistante. Je dois à mes deux collègues, L. Coutier et A. Brisson, une grande reconnaissance pour leur précieuse assistance. Du Roc, les pièces furent dirigées sur le château de Charbontières, propriété de M. Ed. Thuret, situé à 2 kilomètres du lieu des fouilles, où les emballages résistants furent entrepris. Six fortes caisses, garnies de sciure de bois tassée, assurèrent le transport avec un minimum de risques. C'est ainsi que je pus expédier au Musée de Saint-Germain, dans un wagon spécial, 2 600 kilogrammes de « pierres travaillées ».

N'était-ce pas notre Musée des Antiquités Nationales qui devait protéger ces superbes sculptures? J'étais en tous cas heureux de les lui offrir et de les savoir à l'abri.

Dans l'atelier du Musée de Saint-Germain, je procédai au nettoyage des blocs, mais j'eus soin de respecter toutes les régions où la brèche adhérait à la pierre et masquait même, par endroits, quelques détails. Une brosse douce et de l'eau suffirent à cette besogne; les éléments sableux et argileux furent entraînés, et les sculptures apparurent sous un nouvel aspect. D'importants détails se révélèrent; des figurations que je ne soupçonnais pas furent dégagées et la frise, après cette toilette, fut disposée sur des socles, dans l'ordre respectif occupé au Roc par ses différents éléments.

M. Champion, dont nous connaissons toute la haute science technique, voulut bien, lui-même, repérer avec précision les deux blocs A et B, calculer l'emplacement des gougeons et remettre en place la tête du Bovidé. Le même travail fut exécuté sur les trois fragments du bloc C, et la reconstitution d'un petit Cheval fut ainsi obtenue.

La frise sera plus tard exposée dans une salle du Musée de Saint-Germain, où déjà sont déposées les collections de La Quina, et nous respecterons l'ordre dans lequel les différents appareils ont été découverts.

Puis, au Roc, dans l'atelier même où les Solutréens se livraient à la taille du silex, je reconstituerai, avec des moulages en ciment, toute la frise qui présidait jadis aux travaux et aux croyances de ces générations lointaines.

DESCRIPTION DES BLOCS SCULPTÉS

J'ai déjà signalé l'emplacement des huit blocs au fond de l'atelier et la disposition en arc de cercle que leur ensemble offrait lorsque la plate-forme fut dégagée de ses couches archéologiques. C'était une sorte de barrière, à laquelle on se heurtait, qui exigea l'extraction de chaque élément qui la constituait (fig. 32).

BLOCS A ET B.
(Planche polychrome en frontispice et Pl. 1.)

Les deux premiers blocs désignés par les lettres A et B, après leur réunion,

Fig. 32. — Reconstitution de l'atelier solutréen avec sa frise sculptée.

Les blocs sont représentés dans l'ordre respectif qu'ils occupaient ; tous étaient retournés, la face ornementée contre la couche archéologique. De gauche à droite, on distingue le bloc F avec ses différentes figures dont le Bovidé chargeant un Homme, puis la masse D avec un Cheval, ensuite deux blocs superposés C et C', chacun sculpté d'un Cheval. Enfin l'appareil AB à l'extrême droite où un Cheval et un pseudo-Bovidé sont profondément entaillés.

Au premier plan, on voit l'amorce de la déclivité du talus ; entre cette bordure et la frise s'étale la surface de l'atelier. La corde de l'arc atteint 7 mètres environ.

Composition exécutée par M. Riolet d'après les cotes et les photographies prises dans la station du Roc.

forment un ensemble d'une longueur de 1ᵐ,64 sur 0ᵐ,60 de hauteur et 0ᵐ,54 d'épaisseur.

En nous plaçant face au bloc, on voit du côté gauche un joli petit Cheval et à droite un animal dont la détermination n'est pas aisée, puisque son corps de Bovidé est associé à une tête rappelant plutôt celle d'un Carnassier ou d'un Suidé.

Ces animaux se détachent dans le milieu du panneau avec une accentuation très saillante, car ils sont circonscrits par un profond champlevé ; le creusement qui contourne ces belles figurations atteint 6 centimètres dans la région postérieure du Cheval et 3 centimètres près du Bovidé.

Fig. 33. — Bloc sculpté AB.

Longueur, 1m,64 ; hauteur, 0m,60 ; épaisseur, 0m,54. A gauche, Cheval au ventre gravide ; à droite, pseudo-Bovidé. Dessin de M. Riolet, d'après l'original.

Lorsque le bloc sculpté est vu sous un éclairage latéral provenant du côté gauche, l'ombre portée accentue énergiquement le relief, et les animaux se détachent du fond avec une vigueur surprenante (fig. 33).

Le Bovidé, que je nommerai plus exactement le pseudo-Bovidé, mesure 66 centimètres de longueur et 35 de hauteur du ventre au garrot. Il est de profil, sa tête dirigée à droite, et la position des pattes semble correspondre à celle du repos.

La tête est un peu baissée, le front est globuleux et une entaille sépare la nuque du cou ; plus loin, nous suivons une courbe accentuée qui limite le cou et le garrot. Le relief de la bosse est très sensible ; on ne peut douter qu'elle appartient à un Bovidé. L'ensellure de l'animal est représentée par une ligne concave, et la croupe qui lui fait suite est relativement petite et franchement ronde. La queue, parfaitement indiquée, est grêle et détachée du corps. Le ventre assez proéminent est pendant ; il se rapproche du sol comme celui d'une femelle pleine. Les extrémités des membres sont petites, délicates et entaillées avec beaucoup de finesse ; la cuisse et l'épaule, au contraire, sont plus massives, très bien traitées et laissent deviner la puissance de la musculature profonde.

L'animal est très bas sur ses pattes. Les régions articulaires des jambes sont en relief ; le genou et la tibio-tarsienne accentuent ainsi la vigueur du membre.

La conservation remarquable de cette sculpture permet de distinguer des détails très précis exécutés avec beaucoup de soins ; les sabots bifides sont sculptés avec vérité sur les jambes antérieures. La tête est très curieuse ; elle ne s'adapte pas aux caractères bovidiens ; ses tendances pencheraient plutôt du côté Carnassier ou même Suidé.

Le museau est allongé, la bouche très fendue, l'œil elliptique, les oreilles étroites, longues et verticales ; les cornes sont absentes, autant de caractères qui nous éloignent d'un Bovidé. Les deux oreilles ouvrent leur pavillon vers l'observateur ; et cependant l'orientation de l'oreille gauche devrait être figurée du côté opposé.

L'animal est au repos ; sa tête est un peu penchée. Tous ces détails contribuent à donner une expression intense de la vie observée avec soin.

Comment interpréter cette tête discordante, inspirée par un modèle différent de celui qui a donné le corps ? Je ne pense pas que, primitivement, la sculpture possédait une tête de Bovidé et que des modifications ont changé son aspect primitif. La tête et le corps se trouvent sur le même plan, et les traces de la destruction des cornes ne sont pas visibles.

L'exécution de cette sculpture me paraît faite en un seul temps, et les modifications survenues pour transformer l'état primitif ne sont pas palpables, car on ne retrouve nulle part de reprises du travail, ni de raccordements, ni de vestiges sous-jacents se rapportant à d'anciens motifs. La tête de l'animal fait corps avec le reste de la sculpture.

C'est l'œuvre imaginative d'un artiste de grand talent. M. Henri Breuil, dont l'avis est toujours précieux en semblable circonstance, penche volontiers du côté d'une représentation fétichiste.

Zoologiquement, nous ne pouvons déterminer cet animal et nous retombons dans le domaine allégorique pour trouver une vague explication.

Des découvertes analogues faites par le comte Begouen et ses fils, dans la grotte des Trois Frères, révèlent de semblables substitutions ; ce sont des gravures sur parois représentant des Ours, l'un possède une queue de Bovidé, un autre une tête de Loup et un troisième paraît transformé en Panthère. Ces œuvres ont des attributions mystiques probables.

Sur le bloc AB, le Cheval sculpté est à une petite échelle ; sa longueur atteint

44 centimètres ; il est de la taille d'un Chien fox. L'animal semble marcher derrière le pseudo-Bovidé ; le genou droit est un peu plié et la patte postérieure droite est en rotation externe. Les sabots sont assez larges et exécutés avec beaucoup de soins. La tête est posée dans une jolie attitude : elle est un peu redressée. Quelques détails, notamment l'œil, ne sont plus visibles, mais les naseaux, la bouche et la région jugale sont indiqués et donnent de l'animation au sujet.

Le cou est épais ; sa ligne supérieure n'est pas très nette, car elle est restée empâtée dans la brèche résistante, et je n'ai pas osé entreprendre son dégagement, craignant de compromettre la région sculptée sous-jacente.

L'ensellure et la croupe sont bien proportionnées, et la queue assez grêle tombe verticalement contre la fesse. La cuisse et l'épaule sont saillantes ; une profonde rainure antérieure accentue le relief de la région scapulaire. De même le pli de l'aine est rendu très exactement par une échancrure qui recule profondément le plan abdominal. Le ventre est saillant, abaissé et, de ce fait, l'animal paraît bas sur ses jambes, surtout en avant.

Ici, nous trouvons encore un développement abdominal qui correspond à un état gravidique.

Si l'exécution du Cheval est fidèle au profil de l'original, on peut supposer que l'animal vivant se rapprochait de la race dite *celtique*, puisque la sculpture représente un animal court et trapu avec une petite tête et une croupe ronde.

L'artiste solutréen qui a combiné ce groupement n'a pas cherché une véritable scène ; les deux sujets sont réduits à une échelle différente : le Cheval est petit devant l'ampleur du pseudo-Bovidé. Cependant, nous trouvons là une conception du mouvement parfaitement exacte : l'un de ces animaux, la tête penchée, paraît chercher sa nourriture et l'autre gravit au pas, la tête redressée, une pente derrière le premier animal. L'exécution est énergique, pleine de vie, et l'exactitude des mouvements dénote chez l'artiste une observation très juste.

La même technique se retrouve sur les deux sujets, les formes sont accentuées ; le relief général est obtenu par un champlevé très profond et les détails sont soignés. Les surfaces sculptées qui figurent les deux sujets de ce bloc ont été adoucies et même presque polies. Les sillons ont été creusés profondément autour des animaux. Nul éclatement maladroit de la pierre, pas d'échappées d'instrument dans les régions délicates, partout nous retrouvons une sûreté de main et une adresse étonnantes dans l'exécution. On est stupéfait en songeant aujourd'hui au modeste outillage que les hommes de l'Age du Renne avaient sous la main. Cependant, les burins et les grattoirs massifs, quoique en silex, suffisaient au travail (fig. 34) !

Quelques grattages sont encore visibles, et les sillons portent la patine du temps. Sur ce panneau, j'ai retrouvé quelques traces de couleur noirâtre, le corps du pseudo-Bovidé possédait en effet des macules légères. Ne peut-on pas supposer que, primitivement, ces sculptures étaient rehaussées de couleurs ?

Aujourd'hui, ce panneau a acquis, par les actions chimiques de la terre, des cristallisations de calcite qui prennent des contours lichéniformes et attestent l'antique origine de cette œuvre.

La coloration primitive n'existe plus, elle est remplacée par celle de la patine. Le belle teinte inimitable, déposée par le temps et l'emprunt des éléments environnants, nous montre ce chef-d'œuvre sous des reflets orangés où la vie et la lumière viennent de réapparaître.

BLOC C.
(Pl. II, fig. 1.)

Sur la photographie de l'atelier (fig. 31), nous voyons l'emplacement des trois fragments qui devaient permettre la reconstitution du bloc C. La désignation C représente un bloc où s'adossait la sculpture que nous étudions.

Les trois fragments étaient groupés, non pas exactement en contact, mais légèrement séparés ; toutes les surfaces sculptées regardaient le sol. Sur le terrain, il était déjà aisé de voir un raccordement possible entre ces différents éléments, mais c'est seulement après le transport, dans l'atelier du Musée de Saint-Germain, que la juxtaposition définitive fut entreprise. Grâce à l'aide et à l'habileté précieuses de M. Champion, un résultat heureux a été obtenu. Les fractures de la pierre étaient déclives, et la mise en place des goujons demandait l'expérience incontestée du Chef technique des ateliers de notre Musée des Antiquités Nationales. La reconstitution obtenue fut très bonne ; mais quelques fragments sont absents, et nous n'avons pas songé à fermer les brèches, laissant ainsi les surfaces fracturées visibles avec leur patine (fig. 35).

La longueur maximum de l'ensemble atteint 88 centimètres. Une première fracture coupe transversalement le corps du Cheval en passant au-dessus de la ligne abdominale ; l'autre fracture sectionne le cou contre le poitrail. Les proportions de ce Cheval sont à peu près les mêmes que celles du sujet figuré sur le bloc AB, puisque la longueur de l'animal atteint ici 44 centimètres. La tête est finement sculptée, la bouche nettement fendue, la narine en relief est limitée par un bourrelet, l'œil est assez grand et ouvert et les oreilles longues et

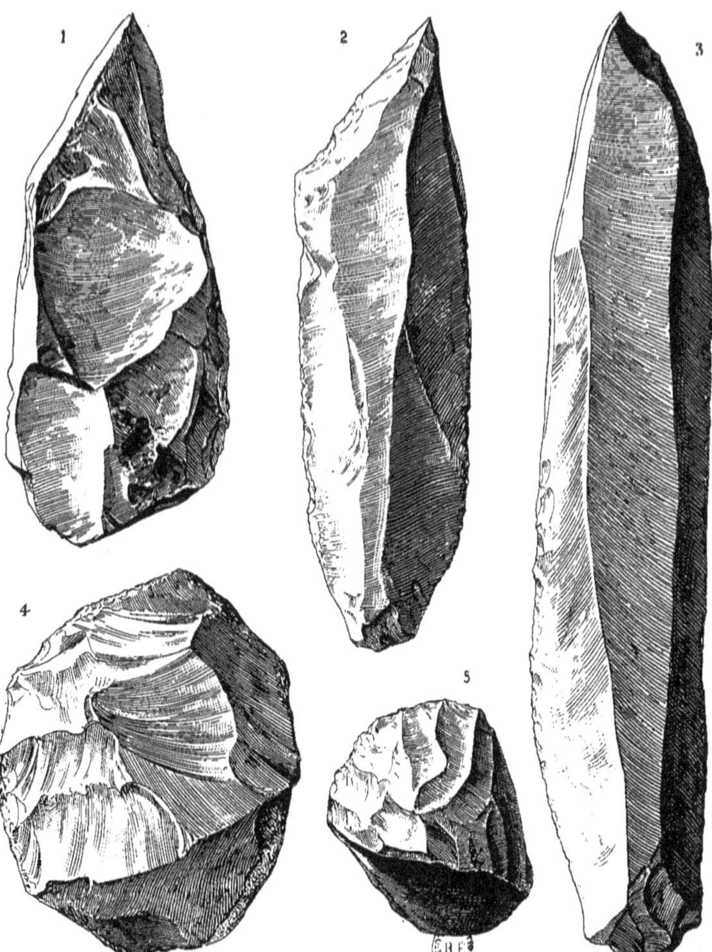

Fig. 34. — Outillage attribuable aux sculpteurs solutréens. Pièces en silex trouvées dans l'atelier.

1, rugine massive orientée suivant une des faces latérales ; 2, burin, la région active est très résistante ; 3, grand burin. Les deux faces de l'angle dièdre offrent de longs éclats. Cet outil est d'une dimension exceptionnelle ; 4, disque, ses proportions et sa résistance font supposer qu'il était employé à racler la pierre ; 5, grattoir nucléiforme. (Grandeur naturelle.)

pointues. Le cou paraît très fort, et nous verrons que sa ligne supérieure appartient peut-être à un autre animal sculpté primitivement à la même place. L'ensellure est accentuée et la croupe bombée ; la queue, dont il ne reste que la racine, est brisée. Le ventre est plus volumineux que celui des autres animaux examinés précédemment ; il est certainement plus développé que l'abdomen d'un individu mâle. Les membres postérieurs sont brisés ; du droit, il subsiste la région calcanéenne et la jambe. Les membres antérieurs sont intacts ; ils sont posés parallèlement et raidis. La touffe des poils du boulet est représentée en relief. L'animal semble arrêté.

L'épaule droite est saillante, et un sillon antérieur la détache vigoureusement. C'est le même procédé employé sur le Cheval du bloc AB. En avant du Cheval, on distingue la patte antérieure gauche d'un Bovidé détruit ; son poitrail est également visible. En cherchant à rétablir le profil du Bison préexistant, on trouve que l'ancien contour de la bosse coïncide avec l'encolure du Cheval.

Fig. 35. – Bloc C. Longueur, 0ᵐ,88 ; hauteur, 0ᵐ,67.

La reconstitution a été obtenue en réunissant trois fragments trouvés en juxtaposition. Les surfaces fracturées s'adaptent exactement. En avant du Cheval au ventre gravide, on distingue un poitrail et deux jambes appartenant à un Bovidé détruit par un sculpteur solutréen. La tête et le cou du Bovidé n'existent plus. Cette œuvre est un exemple de superposition de sculptures, après destruction d'un motif initial.

On observe donc ici une superposition d'animaux ; le Bison primitif détruit est remplacé par un Cheval.

La destruction d'une œuvre antérieure ne se borne pas seulement à la trace d'un membre, car on distingue vers l'angle de la pierre une autre patte antérieure de Bovidé ; la direction de ces deux pattes fait supposer que les deux Bœufs étaient affrontés. Cette pierre nous laisse dans l'incertitude : Pourquoi cette destruction de Bœufs qui formaient un groupe ?

Peut-être l'œuvre n'a-t-elle jamais existé complète et l'artiste a-t-il abandonné, sans la finir, une sculpture ayant cessé de plaire ; ou bien, achevée, l'œuvre fut transformée et même brisée par l'artiste lui-même ou par un rival cherchant une composition nouvelle et meilleure. Il y a dans ce procédé quelque chose d'analogue aux gravures superposées que nous trouvons sur les plaquettes calcaires et osseuses de l'Age du Renne, où la superposition de traits gravés était aisée, tandis que celle des sculptures exigeait le travail pénible de l'entaille dans la pierre.

Ces constatations nous montrent l'indifférence d'une œuvre existante, sa mutilation intentionnelle et l'adaptation secondaire d'anciens profils ; telles sont les déductions sommaires que nous pouvons entrevoir ici, mais le mystère reste encore impénétrable.

BLOC C'.

(Pl. 11, fig. 2.)

Cette pierre n'a pas l'importance des autres appareils ; elle mesure 6o centi-mètres de longueur. Sa situation en arrière du bloc C contraste avec l'ordre observé chez les autres éléments de la frise. Ici, la face sculptée reposait encore sur la couche archéologique. Primitivement, cette pierre devait sup-porter le bloc C et lui servir de socle. Une fracture la sépare en deux fragments ; le plus petit ne porte aucune sculpture, tandis que le gros est ornementé d'un Cheval sur une de ses faces. L'état de conservation de la sculpture n'est pas très bon, car les altérations causées par l'anhydride car-bonique sont profondes, et les dépôts de calcite cristallisée recouvrent en partie le travail humain. Néanmoins, la pièce offre de l'intérêt, ne serait-ce que pour l'étude de la patine et des altérations dues au terrain.

La position de cette pierre était plus reculée que celle des autres blocs ; elle se trouvait donc plus rapprochée de la falaise, et le milieu qui l'enveloppait pouvait contenir une plus grande humidité. Ici encore, nous trouvons des cristallisations lichénoïdes de calcite et des entailles, sortes de cicatrices profondes et irrégulières, dues à l'anhydride carbonique qui a *mordu* la pierre. De petits et nombreux fragments de calcaire sont disséminés sur la sculpture et y adhèrent.

Malgré toutes ces imperfections, le sujet représente un petit Cheval à une échelle voisine de celles indiquées précédemment, puisque sa longueur atteint 37 centimètres. L'animal regarde à droite, il est incomplet, ses pattes antérieures manquent ainsi que les oreilles et la partie supérieure de la tête. Cependant l'œuvre primitive ne devait pas manquer d'une certaine allure.

L'ensellure est bien marquée, et le ventre nous apparaît encore avec des pro-portions exagérées qui nous autorisent à voir une femelle en état de gestation. L'animal, entouré d'un profond sillon, se détache énergiquement du fond.

BLOC D.

(Pl. III, fig. 1.)

Sur cette pierre, nous retrouvons encore un Cheval exécuté à une échelle sensiblement la même que celle relevée sur les blocs AB, C et C', car sa longueur atteint 44 centimètres. Cette sculpture est très curieuse. La facture énergique de l'animal est accentuée par un champlevé profond ; ici encore, nous retrouvons un relief saisissant. Le Cheval regarde du côté gauche, la tête un peu relevée, son attitude ressemble à celle de l'arrêt brusque, car les jambes antérieures sont tendues en avant et raidies. Les jambes postérieures sont posées différemment ; la gauche est portée en arrière, tandis que la droite est verticale. Les quatre membres apparaissent très courts, leur brièveté semble rapprocher du sol le ventre globuleux. Ces détails si bien observés s'adressent encore ici à l'état gravidique du modèle choisi par l'artiste (fig. 36).

La tête nous fournit des parties intéressantes, l'œil correspond à une cupule profonde ; il est bien en place et la narine est saillante. La bouche et les lèvres sont soigneusement modelées ; l'oreille gauche exécutée avec précision est droite et pointue, elle s'ouvre en arrière ; la joue un peu pendante est accentuée par l'angle de la mâchoire. L'encolure paraît assez forte, mais cet aspect est exagéré par un dépôt de brèche qui masque en partie cette région et envahit le garrot.

Ces concrétions ont été respectées lors du nettoyage du bloc ; leur résistance

Fig. 36. — Bloc D. Largeur, 0^m,66 ; hauteur, 0^m,62.
Cheval se rapprochant de la race dite celtique. Femelle au ventre gravide.

conseillait une grande prudence, et j'ai pensé qu'il était préférable de ne pas insister et de conserver cette justification archéologique.

Le dos est ensellé, la croupe sensiblement relevée et la queue, écartée du corps, est horizontale dans son premier tiers et verticale dans l'autre fraction ; elle apparaît sous un aspect coudé.

Au-dessus de ce Cheval existent des entailles qui limitent un autre Équidé avec beaucoup moins de précision. Le sculpteur n'a peut-être exécuté qu'une ébauche de scène ; mais il semble qu'un autre animal surmonte le premier et que sa jambe postérieure se moule sur la croupe de la femelle. De même le ventre du mâle est posé sur le dos de la figure sous-jacente.

L'exécution de ces deux animaux est de facture toute différente ; autant la sculpture de la femelle pleine est expressive avec ses jambes antérieures campées en avant, sa croupe redressée et la région caudale écartée, autant les détails du mâle paraissent négligés et incomplets.

BLOC F.

(Pl. III, fig. 2, et pl. IV.)

Cet élément de la frise était situé presque à l'extrémité gauche du cintre de l'atelier. J'ai pu le dégager avec plus de facilité que les autres blocs, car il n'était pas posé exactement à plat sur la couche archéologique, mais au contraire légèrement incliné. Sa face inférieure formait avec le sol un angle de 15° environ, ouvert en avant. Cet écartement permettait d'effectuer une bonne prise avec les leviers. Toutes les précautions pour conserver l'intégrité des sculptures invisibles mais possibles furent observées ; des planches intercalées entre la pierre et les ringards atténuèrent les effets des pesées brutales. Le bloc fut ainsi mobilisé, puis renversé. La face, en contact avec la couche archéologique, très riche en ce point, était couverte de sculptures. Comme sur les autres blocs, le dos des animaux apparaissait en avant, mais l'épaisseur du dépôt masquait une grande partie des détails. L'interprétation *in situ* n'était pas aisée ; je croyais entrevoir, parmi les nombreux traits, une tête d'Ours ; mais, après le lavage, les sillons répondaient à l'avant-train d'un Cheval.

Les proportions de ce bloc sont importantes, puisque sa longueur atteint $1^m,52$, sa hauteur $0^m,50$ et son épaisseur $0^m,76$ à gauche et $0^m,52$ à droite. Le volume était voisin d'un demi-mètre cube, et la densité de la pierre permet d'estimer son poids à une tonne.

Sur place, avec l'aide de M. L. Coutier, je procédai à l'équarrissement des faces non sculptées et surtout à la diminution de l'épaisseur de cette pierre difficilement transportable.

Les véhicules disponibles, le jour de la découverte, étaient insuffisants et seulement le lendemain nous pûmes charger le pesant fardeau, sur une charrette. Nous eûmes soin, pour la durée de la nuit, de retourner la face ouvragée sur un lit épais de paille.

Transporté au Musée de Saint-Germain, je pus seulement, après le lavage nécessaire, me rendre compte de l'importance des sculptures, car c'est, à mon avis, le morceau de choix de la frise. Il contient en effet six sujets différents !

Vers l'extrémité du bloc, à gauche, nous distinguons un motif représentant un Homme ; son attitude est verticale, et la tête tournée regarde à gauche. La hauteur du sujet atteint 28 centimètres. Le corps, vu de profil, est limité par deux sillons parallèles correspondant à la ligne du dos et à celle de la région thoraco-abdominale. La cuisse fléchie est interrompue et n'atteint pas le genou. La tête semble rejetée en arrière, et la face est entourée d'une sorte de masque où la barbe et les cheveux forment un encerclement touffu. Cette cou-

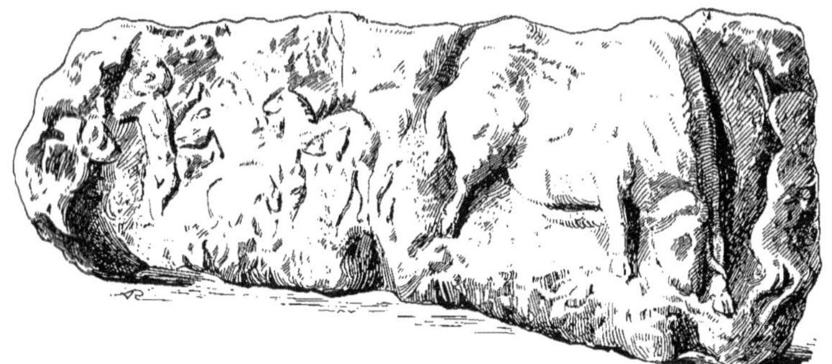

Fig. 37. — Bloc F. Largeur, 1ᵐ,52 ; hauteur, 0ᵐ,58 ; épaisseur, 0ᵐ,76 et 0ᵐ,52.
A gauche, figuration humaine à visage masqué (?). Vers le centre, deux Chevaux. A droite, un Bœuf musqué charge un Homme qui prend la fuite ; l'avant-train de l'animal est incliné et sculpté en ronde-bosse sur l'arête de la pierre.

ronne laisse voir sans beaucoup de netteté un nez, des yeux et une bouche. Les bras font défaut. En fixant l'attention sur la région lombaire de l'Homme, on distingue, dans une incision commune, le contact d'un naseau de Cheval, puis, en suivant le contour de la tête de l'Équidé, on rencontre un sillon assez profondément accentué, mais les détails concernant les oreilles, la bouche et l'œil ne sont qu'esquissés. La ligne limitante du cou et du poitrail est visible ; cette ligne est commune avec celle de la région dorsale d'un animal sous-jacent. Le procédé que nous retrouvons ici est assez fréquent dans l'art paléolithique. En effet, au-dessous du poitrail du Cheval, on suit nettement les limites d'un animal de forme allongée, la tête baissée orientée à droite et la queue relevée en panache ; la silhouette rappelle un peu celle du Blaireau. Les pattes sont sculptées avec une précision suffisante pour exprimer l'allure de l'animal, qui, la tête penchée sur le sol, semble chercher sa nourriture.

Au-dessus du Blaireau, vers le centre du panneau, existe un petit Cheval représenté en entier par un trait continu assez profond ; sa longueur ne dépasse pas 19 centimètres. Les extrémités des membres n'existent pas. L'allure de la bête est assez élégante, elle semble marcher, la tête un peu redressée.

Les différentes figures signalées précédemment sur la portion gauche et au centre du bloc semblent inachevées et un peu négligées ; cependant il faut reconnaître quelques qualités d'exécution.

Les motifs sont isolés et peu poussés ; on dirait quelques esquisses jetées sur la pierre.

Il n'en est plus de même si nous contemplons l'œuvre exécutée sur le côté droit de la pierre, celle qui se complète sur son arête et sur sa face en retour. Là, nous trouvons un superbe Bovidé, d'une exactitude si précise qu'on reconnaît le Bœuf musqué. Le corps apparaît sur la grande face du bloc, tandis que la tête abaissée en occupe l'angle et sur la face latérale se profile un être humain en fuite. C'est une véritable scène où le Bœuf charge un Homme. L'animal mesure 54 centimètres de longueur apparente; il est limité par un champlevé assez profond intéressant toutes les régions de l'animal ; ce travail de dégagement lui donne un relief extraordinaire (pl. III, fig. 2). L'artiste a peut-être commencé son œuvre par l'arrière-train de l'animal, mais, voulant mettre en place le cou et la tête, il s'est heurté contre l'angle de la pierre. Poursuivant son travail, il a exécuté les régions antérieures du corps en empruntant la forme anguleuse du bloc et s'est trouvé dans l'obligation d'établir la tête en position très inclinée. Cette utilisation de la forme géométrique des surfaces serait déjà remarquable si cette hypothèse était exacte. Mais l'habileté de l'artiste permet de lui prêter une tout autre imagination ; au lieu d'être incité, dans le cours de son travail, à modifier son œuvre et à suivre les directions imposées par la pierre, il a pu concevoir primitivement la scène et commencer l'esquisse de son œuvre par la tête du Bovidé. Quel que soit le point de départ de la mise en place, nous nous trouvons devant une réalisation frappante par son exactitude. En effet, la tête du Bœuf inclinée, au point que le museau touche le sol, se trouve entre les deux pattes un peu écartées ; elle est sculptée aux dépens des deux faces de la pierre. Les cornes sont caractéristiques ; leurs points d'insertion sur le frontal sont larges et très rapprochés l'un de l'autre comme chez les Buffles. En suivant le trajet de la corne gauche, nous voyons l'organe de défense descendre au-dessus de la patte. La corne droite est fracturée, mais sa région basilaire existe sur le frontal.

Le cou occupe une position d'angle ; il est couvert d'incisions symétriques et descendantes ; elles tracent l'emplacement de la crinière. La bosse est assez saillante, elle paraît même se rapprocher davantage de la saillie que possède le Bison. La ligne du dos est un peu empâtée par la brèche ; mais néanmoins

on peut suivre aisément les limites du corps pour atteindre la croupe globu-
leuse. La queue est indiquée à sa naissance, mais elle est presque entièrement
masquée par des éléments étrangers. Le ventre, de proportions normales,
n'a plus l'aspect que nous observions sur les autres blocs, où les animaux
figurés correspondent à des femelles pleines. La position des pattes est très
intéressante : en arrière le membre droit, seul représenté, est énergiquement
entaillé dans la pierre ; la région calcanéenne est très saillante. La sabot est
très redressé en arrière au lieu de reposer sur le sol ; il est exact dans ses détails;
le membre dans son entier est dans l'attitude de la propulsion et non pas dans
la position du repos. Les membres antérieurs sont d'une facture très soignée;
les détails d'observation sont étonnants, puisque les sabots apparaissent bifides
et la touffe de poils qui garnit le boulet est bien représentée.

Les deux jambes sont tendues en avant, et aucune d'elles n'est pliée au genou,
comme on l'observerait chez un animal qui broute.

La tête est baissée, l'avant-train raidi et la patte postérieure en propulsion ;
cet ensemble de mouvements correspond à une attitude admirablement observée:
celle du Bœuf qui charge son ennemi.

En effet, sur la face latérale du bloc, nous distinguons, contourné par un
champlevé très sensible, un Homme privé de vêtements, fuyant sous l'attaque
du Bœuf musqué. La tête de l'animal est toute proche, prête à frapper, et cette
situation critique est rendue par l'artiste avec une vitalité qui reproduit tout
le tragique de la scène. L'Homme, n'acceptant pas le combat, a posé son bâton
sur l'épaule et opère une retraite précipitée. Le mouvement de fuite est exagéré par la flexion des cuisses et des genoux, et l'accélération de la course est
parfaitement rendue par la position d'une des jambes portée en avant. L'Homme,
dans son ensemble, ne répond pas à une sculpture très finie ; les proportions
cependant sont exactes et expriment bien le mouvement recherché. Les bras
ne sont pas entièrement traités et les jambes sont un peu grêles ; mais ces
détails n'enlèvent rien à l'originalité de la scène, car nous pouvons facilement
suppléer aux finesses négligées par l'artiste.

L'exécution des animaux sur ce bloc correspond à plusieurs techniques, et
il n'est pas douteux que deux artistes au moins ont participé à la décoration
de cette pierre. Les Chevaux et le Blaireau situés sur la fraction gauche du
bloc sont d'une exécution connue ; ils se rapprochent des sculptures observées
sur les blocs découverts par M. Peyrony au Fourneau du Diable (Dordogne) (1),
probablement de la même époque.

(1) CAPITAN et PEYRONY, Reliefs solutréens du Fourneau du Diable (*Comptes Rendus Acad. Inscrip. et Belles-
Lettres*, 1925, p. 43).

Nous savons que les représentations humaines signalées sont peu nombreuses et très archaïques ; ici, sur le bloc F, nous pouvons faire, pour l'une d'elles, la même remarque de simplicité ; celle de l'Homme à la tête masquée, qui reste d'ailleurs d'une interprétation délicate.

L'autre sculpture humaine est, au contraire, très originale et pleine d'animation ; elle rappelle la scène gravée de l'Homme poursuivi par un serpent trouvé à la Madeleine.

Au Roc, l'artiste qui a exécuté ce morceau de sculpture était doué d'un grand talent ; non seulement il a donné à son œuvre une vitalité intense, mais il a encore emprunté tous les secrets de la véritable ronde-bosse. A l'aide de cette méthode, son exécution apparaît irréprochable, et on chercherait en vain son équivalent dans les œuvres d'art de l'Age du Renne connues jusqu'à ce jour.

CHAPITRE VI

EXPOSÉ COMPARATIF DES SCULPTURES PARIÉTALES DU SUD-OUEST DE LA FRANCE

Bien que n'étant pas qualifié pour entreprendre un exposé comparatif des sculptures pariétales connues dans l'Age du Renne, je me bornerai, très succinctement, à rappeler les principales découvertes qui se rapprochent de notre sujet et tenterai de commenter leurs rapports communs.

On ne peut oublier la magnifique frise de l'abri du cap Blanc, découverte par le Dr Lalanne (1), lorsqu'on aborde l'étude de ces sculptures. Cette frise, attribuée à l'époque magdalénienne, est composée de plusieurs chevaux sculptés à même la roche ; elle donne un bel exemple d'art pariétal ornementant un atelier.

Au Roc, nous nous trouvons dans des conditions légèrement différentes, car les blocs sont artificiellement alignés, et ils répondent à une construction. Ce n'est qu'une nuance dans la disposition et le choix de la matière sculptable, puisque l'une des frises est creusée dans un calcaire en position géologique et l'autre construite de toutes pièces à l'aide de blocs primitivement isolés.

Les chevaux du cap Blanc sont exécutés à une échelle béaucoup plus grande que celle relevée sur les animaux du Roc, puisque l'un d'eux atteint une longueur de 2^m,15, tandis que, dans notre frise, le plus grand sujet ne dépasse pas 0^m,66. Au cap Blanc, les Équidés sont entaillés en haut-relief, et, malgré les fractures qui ont mutilé le chef-d'œuvre, ils sont encore, suivant l'expression du Dr Lalanne, « d'un extraordinaire effet décoratif ».

La frise du Roc, plus rapprochée du sol et de proportions moindres, comporte des sujets plus variés, notamment des figures humaines ; elle se présente dans

---

(1) Dr Lalanne et H. Breuil, Abri sculpté du cap Blanc à Laussel (Dordogne) (*L'Anthropologie*, vol. XXII, 1911, p. 386).

un état de conservation meilleure, et plusieurs motifs relèvent d'une conception artistique plus élevée.

Ailleurs, en Dordogne, les deux blocs du Fourneau du Diable (1) se rapprochent, par quelques caractères, de ceux du Roc; ils ont été trouvés sur une plate-forme où s'étendait une couche solutréenne ; l'une des pierres était incluse dans le dépôt archéologique et l'autre reposait au-dessus. Les auteurs pensent que leur âge répond au Solutréen final, mais nous ne sommes pas renseignés sur les couches de revêtement qui pourraient, comme au Roc, préciser un encadrement. Au Fourneau du Diable, quelques contours naturels de la pierre ont été utilisés; ce procédé ne se retrouve pas au Roc, où les sculptures occupent le centre des panneaux ; cependant, le Bœuf musqué qui charge présente son avant-train sur une arête. L'état gravidique d'une femelle de Bovidé existe aussi sur un des blocs de la Dordogne.

On retrouve donc une certaine analogie entre les deux découvertes, car la présence de blocs sculptés sur une plate-forme, dans un atelier solutréen, est identique dans les deux stations. Il n'est pas certain que les deux blocs du Fourneau du Diable faisaient partie d'une frise; d'autre part, la variété des sujets n'est pas très grande; les figurations humaines n'y existent pas et l'exécution des sculptures ne peut être comparée à celle du Roc.

La trouvaille d'une tête sculptée d'*Ovibos*, faite par M. Peyrony dans les déblais d'Hauser, à Laugerie-Haute (2), n'a pas d'origine stratigraphique précise, mais les conditions de la découverte ne s'opposent pas à ce qu'on l'attribue à une époque voisine de celle du Roc. Ce n'est qu'un fragment d'une œuvre probablement importante ; il augmente la liste des rares motifs exécutés en véritable ronde-bosse. La facture de cette pièce la rapproche sensiblement du même Bovidé de la Charente; on y voit une taille énergique, et tous les détails qui permettent sa détermination sont très exacts, mais son mouvement n'a pas l'énergie de l'*Ovibos* chargeant, où la tête s'abaisse entre les jambes antérieures. La corne gauche de l'*Ovibos* du Roc est seule visible, elle passe sur la patte du même côté ; au Fourneau du Diable, cet organe est convergent et s'applique sur la face latérale de la tête.

Les belles sculptures découvertes par E. Passemard (3) à Isturitz, attribuables au Magdalénien, ne sont pas du même style que celles du Roc. Elles couvrent l'une des faces d'une grosse roche isolée près de l'ouverture Nord de la grotte ; elles formaient un bas-relief exposé autrefois à une faible lumière. Cette situation les rapproche néanmoins des frises exposées en plein jour et consacrées

(1) *Loc. cit.*
(2) Peyrony, Une tête d'*Ovibos* sculptée (*L'Anthropologie*, t. XXXV, 1925, p. 265).
(3) E. Passemard, Les sculptures pariétales de la caverne d'Isturitz (*Bull. Soc. préh. Franç.*, 1918, p. 466).

à des cérémonies ignorées, mais certainement différentes de celles qui se pratiquaient dans les couloirs étroits des grottes profondes.

Les animaux sculptés avec habileté en champlevé offrent plusieurs cas de superposition, ce qui n'empêche pas de distinguer *l'Agonie du Renne*, qui est une scène très étudiée.

A Isturitz, nous ne retrouvons pas la technique de la ronde-bosse, ni la figuration d'êtres humains.

Nous connaissons encore la découverte d'A. Delugin (1) au Terme Pialat. Les deux figures humaines sont sculptées sur une pierre, mais la stratigraphie fait défaut. Ici encore, l'attribution de l'âge a été établie par comparaison, et la technique très archaïque a permis de les faire remonter à l'Aurignacien moyen.

Les gravures sur les parois de la grotte de Pair-non-Pair (2), découvertes par F. Daleau, s'écartent un peu de notre sujet, et leur étude nous entraînerait dans une revision des figures pariétales gravées dans les cavernes. Cependant, celles de Pair-non-Pair doivent être signalées, puisqu'elles sont attribuées au Solutréen; mais cette affirmation me paraît insuffisante pour fixer une époque précise; elle est établie sur l'écart existant entre la gravure et la couche solutréenne.

L'une des gravures représente un Équidé au ventre tombant, peut-être une « cavale pleine ».

L'Aurignacien moyen nous fournit, à l'abri Blanchard, quelques sculptures bien primitives sur des blocs isolés; ce sont des représentations vulvaires, accompagnées de phallus sculptés, que L. Didon (3) attribue à un certain culte. Ces blocs de faibles dimensions, 30 centimètres de longueur, n'appartenaient pas, selon toute vraisemblance, à une frise. La nature des sujets sculptés et la technique très primitive les écartent des hauts-reliefs du Roc. L'âge bien constaté de ces œuvres correspond à l'Aurignacien moyen ; c'est le principal intérêt de cette découverte. Le bloc recouvert d'une sculpture trouvé par le Dr Lalanne (4), dans l'abri de Laussel, nous intéresse particulièrement. La stratigraphie du lieu est très nette ; la pierre reposait à plat dans l'assise inférieure du Solutréen ; l'encadrement existe puisque l'Aurignacien s'étend sous le bloc, et la couche solutréenne le recouvre.

La sculpture représente une scène génésique, sur laquelle l'accord n'est pas

(1) A. DELUGIN, Relief sur pierre aurignacien à représentation humaine, découvert au Terme Pialat (Dordogne) (*Bull. Soc. Hist. et Archéol. du Périgord*, 1914).

(2) F. DALEAU, Les gravures sur rochers de la caverne de Pair-non-Pair (*Actes de la Société archéologique de Bordeaux*, 1897 ; cité dans *L'Anthropologie*, vol. IX, 1898, p. 66) ; Gravures paléolithiques de Pair-non-Pair (*Congrès de l'A. F. A. F.*, 1898, 1re partie, p. 180).

(3) L. DIDON, L'Abri Blanchard des Roches (Dordogne) (*Bull. Soc. Hist. et Archéol. du Périgord*, 1911).

(4) Dr G. LALANNE, Découverte d'un bas-relief à représentation humaine dans les fouilles de Laussel (*L'Anthropologie*, t. XXII, 1911, p. 256).

unanime. La dalle mesure 0^m,46 de longueur et la face sculptée porte un champlevé d'une profondeur de 6 millimètres. Certes, les deux personnages placés
sur le dos, en opposition, sont d'une exécution assez sommaire, et les détails
qui permettraient de préciser la scène font défaut ; néanmoins, l'œuvre est
fort curieuse et bien datée.

Ces figurations humaines, placées entre deux couches solutréennes, correspondent à la même époque que celle des sculptures du Roc ; elles décoraient
probablement aussi un abri.

Une autre œuvre d'art d'une très belle exécution et d'une grande originalité
a été découverte par le comte Begouen (1) dans la caverne du Tuc d'Audoubert ;
c'est le fameux modelage en argile représentant deux Bisons. Nous sommes
en présence d'un travail fait au pouce et à l'ébauchoir dans le fond d'une caverne. Les animaux, dont la longueur dépasse un peu 0^m,60, se suivent, la
femelle placée en avant. La masse argileuse se trouve au niveau du sol, appuyée
contre un bloc de rocher. D'après le comte Begouen, les *Bisons d'argile* seraient
des idoles ou des fétiches dissimulés aux yeux profanes au fond d'une caverne.
Le réalisme et la technique de cette sculpture « indiquent chez les auteurs une
véritable compréhension artistique ».

Ce groupe de Bovidés n'est pas une simple maquette destinée à l'exécution
d'un travail définitif, car les Magdaléniens n'ignoraient pas la conservation
de l'argile dans un milieu humide.

Nous sommes ici en présence de statues d'argile cachées à l'abri de la lumière
du jour ; leur signification n'est peut-être pas exactement la même que celle
des sculptures du Roc ; leur âge est magdalénien et non solutréen. Je retrouve
dans la facture de ces Bisons une certaine analogie avec le Bœuf musqué du
Roc ; la scène est animée, les animaux sont traités énergiquement et les mouvements très expressifs.

Une récente découverte a été faite le 9 juillet 1927, par M. Pierre David (2),
dans le bel abri sous roche de la Papeterie, Commune de Mouthiers, en Charente : il s'agit d'une sculpture pariétale. Deux chevaux sont affrontés, la
tête baissée ; l'un d'eux mesure 78 centimètres de longueur. Ils sont assez profondément entaillés dans le calcaire, et une distance de 1^m,20 sépare leur dos du sol
actuel de l'abri. La technique employée rappelle celle du cap Blanc, mais le
champlevé est moins profond et les sujets moins nombreux. Leur âge est incer-
tain, car la couche aurignacienne sous-jacente ne peut dater exactement cette

---

(1) Comte BEGOUEN, Les statues d'argile de la caverne du Tuc d'Audoubert (Ariège) (*L'Anthropologie*,
t. XXIII, 1912, p. 657).

(2) Pierre DAVID, Découverte d'une sculpture pariétale dans l'abri sous roche de la Papeterie, commune de
Mouthiers (Charente) (Communication faite à l'*Institut français d'Anthropologie*, le 18 janvier 1928).

frise. Ces Chevaux sont bien éclairés par la lumière du jour, mais actuellement des lichens et autres végétaux recouvrent en partie les sculptures ; on distingue néanmoins des détails suffisants pour reconnaître des animaux qui paissent. Leur destination mystique nous échappe.

Ces sculptures pariétales sont les premières découvertes en Charente ; accompagnées de celles du Roc, elles montrent qu'à l'Age du Renne existait, au Nord de la Dordogne, un centre artistique très remarquable.

Dans la revision sommaire exposée précédemment, nous avons vu que les découvertes de sculptures pariétales n'étaient pas toujours accompagnées d'une stratigraphie suffisante. L'attribution de l'époque est généralement établie par comparaison ; il ne peut d'ailleurs en être autrement, puisque les couches archéologiques recouvrent rarement les blocs. Le contact d'un dépôt contre une paroi n'atteint pas toujours une hauteur suffisante pour masquer la sculpture, et même si ce recouvrement était existant, il ne renseignerait pas nettement sur l'époque corrélative du travail. Il n'est pas douteux qu'une sculpture pariétale peut appartenir à une période beaucoup plus ancienne que celle du dépôt mitoyen. C'est donc à l'aide de la stratigraphie absolue, par dépôts successifs et horizontaux, avec encadrement, que nous pourrons nous prononcer plus exactement sur l'âge de ces œuvres.

CHAPITRE VII

CONSIDÉRATIONS SUR L'ART SOLUTRÉEN DU ROC

Dans aucune des stations préhistoriques signalées jusqu'à ce jour, on n'a trouvé un ensemble de sculptures équivalant à celles du Roc. Dans l'atelier charentais, on trouve des techniques différentes employées en un même lieu et en un même temps très exactement déterminé. C'est un des points importants de la découverte.

Les blocs sculptés de cet atelier étaient orientés suivant une ligne courbe, et leur face ornementée regardait l'aire de la plate-forme. Le lieu était particulièrement bien choisi, puisque la terrasse, au flanc de la falaise, était inondée de soleil et protégée des vents froids.

C'est en des conditions bien différentes, dans des grottes aux galeries sombres, que les Hommes de l'âge du Renne travaillèrent souvent à leurs remarquables sculptures.

Nous pouvons entrevoir quelle activité régnait dans notre atelier. Parmi les Troglodytes qui fréquentaient la région, les uns façonnaient d'admirables pièces en silex et laissaient tomber autour d'eux les nombreux éclats qui jonchent aujourd'hui le sol de la plate-forme. D'autres hommes entretenaient le vaste foyer et procédaient à la cuisson de la viande, car nous retrouvons des galets calcinés, des os brûlés et des cendres. Peut-être aussi des guetteurs exerçaient-ils une surveillance sur le bord de la terrasse : les trois lances que l'on y a trouvées juxtaposées semblent avoir été abandonnées par l'un d'eux. D'autres enfin sculptaient de grosses pierres fixées et orientées convenablement.

Leur outillage était sommaire : il se composait de grands et robustes burins et de résistants grattoirs discoïdes dont on a retrouvé quelques-uns.

Nous possédons des indications assez précises sur la valeur des différents artistes ; leur technique n'était pas la même, ni leur talent. Sans doute, les différents appareils de la frise sont généralement exécutés avec adresse ; mais l'examen des blocs, pris un par un, atteste qu'ils ont été sculptés par des artistes inégalement doués. Quelques œuvres sont de simples croquis, des dessins négligés et inachevés ; d'autres sont plus soignées, plus poussées, les détails en sont précis et même le polissage intervient sur les surfaces saillantes. D'autres enfin sont dues à des maîtres doués d'un sentiment profond de la vie, car ils savaient pratiquer la méthode juste et hardie de l'entaille. Ces distinctions ne sont pas imaginaires, puisqu'elles se rapportent aux factures variées observées sur les sculptures du Roc.

Presque toujours, une observation très précise de la vie animale dominait les qualités des artistes. Une foule de détails ne leur échappait pas ; ces remarques exactes exigeaient la proximité des modèles. Ainsi la caroncule lacrymale de l'angle interne de l'œil est figurée sur une gravure de Bison avec une exactitude extraordinaire (fig. 15).

Les régions musculaires saillantes sont modelées généralement avec beaucoup d'exactitude et accentuent l'attitude de l'animal. Les épaules notamment, avec le pli antérieur et le relief des muscles épineux, se montrent sur plusieurs sujets de la frise avec un relief très juste. Les articulations, très souvent saillantes, répondent à un mouvement exactement étudié. Le double sabot des Bovidés est toujours bien indiqué. Tous ces détails précis donnent de l'animation et de la vie à ces ouvrages de pierre.

Au Roc, les animaux sont représentés plus petits qu'au cap Blanc : peut-être parce que les sculpteurs du Roc avaient choisi des blocs de moindre taille. Ainsi les Chevaux situés au centre de la frise sont petits ; ils ne sont guère plus grands que des Chiens *fox*.

Il en va de même des Bœufs ; ils ont subi une forte réduction. Les deux figures de la frise qui se rapportent à ces animaux sont très dissemblables ; le pseudo-Bovidé est fantastique et le Bœuf chargeant est un véritable instantané. Or, ce n'est pas sur des animaux morts qu'ont pu être faites des études si justes : le cadavre donne des renseignements exacts ; mais l'attitude, le mouvement, l'expression ne s'observent que sur le vivant.

Si nous pouvions admettre que les animaux représentés par nos sculpteurs étaient tous domestiqués, on comprendrait qu'ils aient pu les observer de près : c'était peut-être, contrairement à l'opinion généralement admise, le cas du Cheval et du Renne. Mais les gros Bovidés n'étaient pas d'humeur à se laisser apprivoiser.

On est par là amené à supposer que les artistes les ont observés en se cachant dans des abris bien dissimulés.

S'ils n'ont pu copier directement leurs modèles, il faut qu'ils aient fixé dans leur mémoire certains détails observés à courte distance et qu'ils aient ensuite traduit ces souvenirs sur la pierre : méthode de composition qui est la plus élevée de toutes.

Si les artistes de l'Age du Renne reproduisaient très exactement les animaux sauvages et même des scènes compliquées de la vie de ces animaux, on est bien embarrassé pour expliquer qu'ils aient si médiocrement figuré l'Homme : les modèles étaient pourtant à leur portée. A part l'*Archer* découvert par le D^r La-lanne à Laussel (1), personnage qui lance une flèche, debout, dans une attitude exacte et élégante, la plupart des sculptures humaines sont stylisées et conventionnelles. Pour représenter des femmes, les sculpteurs n'ont pas choisi des modèles de formes irréprochables ; au contraire, ils se sont plu visiblement à exagérer les proportions de certaines régions du corps féminin. Ils aiment à représenter des proéminences adipeuses et des masses pendantes, ce qui correspond sans doute aux goûts de l'époque. Ce penchant n'a rien de surprenant, car il se retrouve encore aujourd'hui chez quelques races africaines. Il n'est pas certain que toutes les femmes de l'époque du Renne aient été affligées de telles difformités, mais la stéatopygie était alors appréciée.

Au Roc, les sujets humains représentés sont masculins : l'un, assez grossier et énigmatique, exécute peut-être une danse ; l'autre, fort curieux, est représenté avec beaucoup plus de précision. Je veux parler du petit Homme sculpté en retour, sur la face droite du bloc F ; il fuit devant la charge d'un Bœuf. C'est une des meilleures figures humaines connues ; son mouvement est exactement rendu par de sobres détails. La fuite est soulignée par la position du bâton sur l'épaule gauche et par la flexion des jambes et des cuisses qui caractérisent l'accélération de la course. Il semble aussi regarder de côté, pour apprécier à quelle distance il se trouve de son ennemi ; il comprend le danger et abandonne une lutte inégale.

Cette scène a beaucoup d'analogie avec une gravure sur bois de Renne trouvée par Lartet et Christy à la Madeleine (2), et qui appartiendrait au Magdalénien moyen. Il s'agit d'un Homme poursuivi par un Ophidien monstre prêt à mordre sa jambe. La ressemblance dans l'attitude des deux Hommes est chose frappante ; leurs bâtons occupent la même position sur l'épaule et les jambes sont pareillement fléchies.

Cependant les deux artistes ne sont pas de la même époque, la position stratigraphique de la pièce trouvée à la Madeleine engage, paraît-il, à attribuer celle-ci à un âge plus récent que la pierre du Roc.

---

(1) Dr LALANNE, Bas-relief à figurations humaines de l'abri sous roche de Laussel (Dordogne) (*L'Anthropologie*, t. XXIII, 1912, p. 147).
(2) LARTET et CHRISTY, *Reliquiæ aquitanicæ*, pl. II B, fig. 8a et 8b.

On ne saurait admettre que l'artiste de la Madeleine a copié l'œuvre de son devancier; il vivait d'ailleurs en une autre région.

Le nombre des œuvres d'art préhistoriques actuellement connues est déjà considérable ; elles se localisent surtout, mais non exclusivement, dans le Sud-Ouest de la France, et elles n'appartiennent pas toutes à une même époque. Pourtant, quand on veut rendre compte de tant de créations dispersées en tant de lieux divers et qui se répartissent sur une si longue suite de siècles, on invoque toujours le même principe d'explication : elles procéderaient presque toutes, dit-on, de préoccupations d'ordre magique ; elles répondraient presque toutes à des pratiques de sorcellerie. Est-ce assuré ? Est-ce même vraisemblable ?

En présence d'œuvres aussi bien exécutées que celles du Roc, où l'intelligence des artistes se manifeste, éclatante, n'est-on pas conduit à supposer qu'ils sculptaient et gravaient pour leur plaisir, que déjà ils imitaient la nature pour la seule joie de l'imiter ? Certaines circonstances invitent à le croire : l'emplacement de leur atelier en un lieu si bien choisi, la variété de leurs œuvres, l'effort compliqué qu'ils ont su déployer pour la mise en place de la frise, l'association des sculptures et des silex ouvragés, sont des données qu'il ne faut pas perdre de vue.

Doit-on rapprocher ces circonstances de certaines pratiques mystiques ou de croyances plus élevées ? Rien ne me paraît probant !

Toutefois, il se peut aussi que certaines de leurs œuvres répondent à une inspiration et à des croyances d'ordre religieux ou magique. Comme indices à l'appui de cette interprétation, je ne perdrai pas de vue les cinq petites juments à l'abdomen distendu : ce n'est pas la panse des animaux mis au vert. On est en présence de femelles gravides. Ces figurations peuvent répondre au désir de représenter d'une façon symbolique la fécondité. Peut-être la sculpture du bloc D, par un de ses détails, tend-elle à donner une représentation symbolique de la fécondation. Mais ici je n'ose pas insister : le sujet mâle est sculpté d'une façon trop imprécise pour qu'on puisse rien affirmer. L'hypothèse que ce panneau nous présenterait deux phases physiologiques de la procréation ne prendra de la consistance que si la découverte d'œuvres similaires la favorise un jour.

Le pseudo-Bovidé du bloc AB est une énigme. Avait-on sculpté d'abord un Bison, que l'artiste a ensuite transformé en un animal fantastique ? Ou bien est-ce un seul et même sculpteur qui a conçu d'emblée et de toutes pièces cet être au corps de Bovidé et à la tête de Suidé? C'est un problème qui reste mystérieux. Mais, dans cette œuvre, nous ne voyons pas de reprises ni de mutilations se rapportant à un motif préexistant. La tête et le corps se trouvent sur le même plan, la technique est la même sur les deux régions, le polissage des surfaces est identique et la patine est uniforme.

L'Homme masqué du bloc F manque de netteté ; peut-on supposer que sa tête camouflée rejetée en arrière et sa cuisse repliée correspondent à une attitude chorégraphique ? L'artiste a suivi une inspiration, il a voulu rendre une scène, ou reproduire un souvenir, ou créer une allégorie ; mais nous nous heurtons encore ici à des mœurs, des sentiments et des croyances insondables.

La scène représentant un Bovidé chargeant un Homme est toute différente ; elle parle d'elle-même, aucune hésitation n'est possible. C'est un morceau de sculpture remarquable, traité par un procédé très différent de celui qui est employé pour les autres motifs. Nous constatons d'abord l'application de la véritable ronde-bosse exécutée sur l'angle d'une pierre ; ce procédé a donné ici un relief considérable, et je ne rencontre pas son équivalent dans les œuvres connues de l'Age du Renne.

Le mouvement du Bœuf bondissant sur un Homme est d'une exactitude incomparable. Cette sculpture de grand style provoquerait de la part de mon ami Claudius Côte une très juste réflexion : il comparait la scène du grand artiste solutréen à une œuvre de Rodin.

En effet, le relief des muscles, la position des membres, l'inclinaison de la tête, tout en mot commande la charge. Pas de détails superflus : l'œuvre n'a subi aucun polissage, comme c'est le cas du pseudo-Bovidé, mais elle est taillée hardiment et énergiquement à coups de burin, et la main qui tenait l'humble silex a reproduit de façon géniale un souvenir en vitalisant la pierre.

L'exposé précédent se rapporte à une période où l'activité des Hommes solutréens dut être intense dans la vallée du Roc, vu l'amoncellement d'objets industriels, indice d'un assez long séjour des Hommes en ce lieu.

Le terme de cette belle époque est caractérisé par un bouleversement de l'atelier ; tous les blocs qui décoraient le cintre de la terrasse furent renversés !

Les uns après les autres, les différents appareils de la frise, d'un effet si saisissant, tombèrent sur le dépôt de l'ancien foyer. Tous les blocs furent culbutés, et les sculptures se dissimulèrent contre la couche archéologique formée d'objets abandonnés. Il est donc évident que toutes ces pierres décorées ont été arrachées de leur socle et qu'elles ont pivoté sur leur arête antéro-inférieure. Les fractures qui se sont produites sont peu importantes : le bloc AB a été sectionné en deux morceaux et le bloc D en trois. Ces traumatismes peuvent d'ailleurs provenir de chocs occasionnés par les éboulements postérieurs au renversement. Les faces sculptées ne présentent pas d'éraillures importantes, ni les régions angulaires de fractures; ces constatations permettent déjà de supposer que les blocs ne sont pas tombés d'une grande hauteur. L'ordre régulier des appareils sur le plan horizontal du sol et l'orientation constante en avant du dos des animaux constituent deux faits qui coïncident avec l'hypothèse d'une chute qui n'a pas dû excéder la hauteur d'un mètre. La destruction apparaît donc volontaire, car un séisme ou un gros éboulement eussent entraîné une dislocation beaucoup plus importante.

Pourrait-on imaginer que les Solutréens, les propres auteurs et les admirateurs de ces belles sculptures, aient participé à l'acte de vandalisme que nous constatons? C'est improbable. Il faut alors faire intervenir une tribu étrangère envahissant la région et détruisant les objets vénérés par leurs prédécesseurs. Cette supposition est conforme aux faits relevés dans l'histoire des peuples.

Après le bouleversement de la frise, les Hommes qui sont venus réoccuper les lieux ont déposé un autre foyer, où j'ai retrouvé encore des pointes à cran ; ils étaient donc classiquement des Solutréens ou des Hommes connaissant la technique solutréenne. La nouvelle occupation de l'atelier a été de courte durée. Ce second horizon fut recouvert par un éboulement; puis une troisième irruption humaine, également éphémère, couronne irrégulièrement le dépôt moyen. Mais cette dernière phase est caractérisée par une industrie dégénérée; la pointe à cran trouvée là est massive et large, elle a perdu l'élégance et la finesse que de grands artistes avaient su lui donner précédemment.

L'histoire de cet atelier serait incomplète si je ne cherchais à établir une relation entre les êtres humains trouvés dans la sépulture sous blocs et ce lieu de travail placé à proximité. La reconstitution des squelettes indique des Mongoloïdes appartenant à la race de Chancelade. Les représentants de cette race ont été retrouvés dans plusieurs stations voisines : Le Placard, Cro Magnon (crâne n° 2), Chancelade ; ils offrent des crânes plus ou moins carénés. Toutefois, la précision stratigraphique ne permet pas de considérer avec certitude ces Hommes comme appartenant aux colonies solutréennes et, cependant, ils ont été découverts dans des couches recouvertes par le vieux Magdalénien.

Si la concordance de l'influence solutréenne et de ces Hommes de Chancelade s'établissait solidement, il faudrait voir dans ces Mongoloïdes des envahisseurs survenus à la fin de l'Aurignacien et s'infiltrant dans une population déjà évoluée. Ces Asiatiques, au lieu de répandre partout leur technique pour couronner uniformément l'Aurignacien, se seraient contentés de vivre dans des milieux hospitaliers, très limités. La dissémination de ces petits groupes humains mêlés à une autre race donnerait l'explication de la rareté des couches solutréennes. De même quelques couches discordantes ou interposées trouveraient leur signification devant une pénétration solutréenne discontinue et irrégulière. Ces Hommes apprirent aux peuplades sédentaires la belle technique du silex ; ils apportaient également avec eux de grandes qualités artistiques et opérèrent une rénovation dans l'art sculptural.

Les découvertes du Roc semblent confirmer cette vue des choses.

L'étage solutréen se réduirait donc, en France, à quelques colonies plus particulièrement installées dans le Sud-Ouest ; sa répartition est très inégale, de grandes régions l'ignorent; ce n'est donc pas un niveau constant ; il ne peut représenter une grande période.

Nous retiendrons qu'à la fin de l'Aurignacien des artistes et des ouvriers d'art ont dû créer des centres remarquables. Conservons pour ces Hommes du Roc le nom de Solutréens, sans oublier que leur type est probablement mongoloïde, et en retenant qu'ils ont été des innovateurs et des réformateurs.

La frise du Roc, qu'on doit leur attribuer, n'est-elle pas un chef-d'œuvre qui éclipse, par sa beauté, toutes les sculptures paléolithiques connues jusqu'à ce jour ?

TABLE DES MATIÈRES

7308-10 28. — CORBEIL. — IMPRIMERIE CRÉTÉ.

LA FRISE SCULPTÉE ET L'ATELIER SOLUTRÉEN DU ROC

PLANCHE I

Fig. 1. — Bloc AB. Cheval au ventre gravide et Pseudo-Bovidé. Longueur réelle : $1^m,64$.

ATELIER SOLUTRÉEN DU ROC. — Blocs A et B

LA FRISE SCULPTÉE ET L'ATELIER SOLUTRÉEN DU ROC

PLANCHE II

Fig. 1. — Bloc C. Cheval au ventre gravide. Superposition de deux sculptures. Deux Bovidés préexistants ont été détruits. Longueur réelle : 0^m,88.

Fig. 2. — Bloc C'. Cheval incomplet. Altérations profondes de la sculpture. Action de l'anhydride carbonique. Longueur réelle : 0^m,60.

ATELIER SOLUTRÉEN DU ROC. — Blocs C et C'

LA FRISE SCULPTÉE ET L'ATELIER SOLUTRÉEN DU ROC

PLANCHE III

Fig. 1. — Bloc D. Cheval au ventre gravide. Longueur réelle : $0^m,66$.

Fig. 2. — Bloc F. Face latérale droite. *Ovibos* chargeant un Homme qui fuit, son bâton sur l'épaule. Largeur réelle : $0^m,35$.

ATELIER SOLUTRÉEN DU ROC. — Blocs D et F

LA PRÉ...DIE ET L'ATELIER SOLUTRÉEN DU ROC

PLANCHE II

LA FRISE SCULPTÉE ET L'ATELIER SOLUTRÉEN DU ROC

PLANCHE IV

Fig. 1. — Bloc F. Face antérieure. Homme masqué (?) à gauche. Deux Chevaux au centre. A droite, un *Ovibos*, l'avant-train incliné, charge un Homme. Sculpture en ronde-bosse. Largeur réelle: $1^m,52$.

ATELIER SOLUTRÉEN DU ROC. — Bloc F

9 782329 199580